刘博见　编著

声／时光碎语：流淌于
千窑之间的传说与故事

窑火凝珍

刘耿　董晓晔　主编

社会科学文献出版社
SOCIAL SCIENCES ACADEMIC PRESS (CHINA)

序一
让历史"活"起来的干窑

嘉善县干窑镇历史上以窑业闻名于世。干窑烧制的砖、瓦、器始于唐宋，胜于明清，方志称其为千窑之镇。物以民用为主，不若专制贡物的官窑盛名。但正是这种拥有更广泛用户群的商业模式，使干窑获得更持久的生命力。尽管时代在变换，但民间还是那个民间。拥有 300 余年历史的古窑今日仍然在维系它的工艺、生产，为江南的青山秀水间平添了灯火阑珊。

我们通常所见遗迹，是失去了活态生命力的标本，在现代修缮技术的加持下，它静静地诉说着当年栩栩如生、活灵活现的历史故事，在某种意义上，它已切断与历史的活态生命联系。干窑的可贵之处就在于它仍然是具有生命力的古建筑材料生产的活态遗产。这里既是历史遗迹，也是历史现场，更是为中国传统建筑传承、发展承担生产传统材料的非物质文化遗产大作坊。窑工们说着祖祖辈辈的方言，延续着祖传的技艺，码放着与历史一色的砖瓦，于一砖一瓦中传承一丝不苟、精益求精的工匠精神，一切宛若昨日。

干窑为什么还在生产呢？原因有二：一是，窑包若停止生产则易因保护不到位而发生塌陷，不间断地生产是保住窑包的最好方式。这像不像是古人智慧的程序设定？以此保证后人技不离手，代代相传。二是，现在各地的古建修缮保护需要这种传统砖瓦构件，这是我们保护传统建筑工艺材料真实性的必备条件。通过改变传统工艺生产甚至 3D 打印或许也能做个样子出来，但总是缺少历史的韵味，改变了古建筑材料的历史信息真实性。供应链安全是当前经济领域的一个热门话题，其实，干窑这样的供应链在古建筑保护领域更稀缺，尤其是在全国保护传统古建筑、留住乡愁的时代背景下。

所以，干窑是能够使历史"活"起来的一个重要节点。经由干窑，我们不仅可以看见历史，更能到达历史。

我们很欣喜地看到，今日干窑镇围绕着"活"字做了很多文章，使干窑的历史不仅"活"下来，而且"活"得更出彩。编撰出版这套干窑窑文化系列丛书就是重要的手段之一。该丛书共分 7 册，可以说从眼、耳、鼻、舌、身、意"六识"全方位展示了一个立体的干窑，将干窑的"活"字从各路灌输到人的心田。干窑是什么样，读了就知道了。即使没去过干窑的，也愿意跑一趟看看。

干窑镇的做法至少给我们四点启示。

其一，想办法建立起遗迹的古今连接，使遗迹"活"起来，这是遗迹保护的好方法。我们往往对"保护"有一种误区，认为尽量少动少碰甚至隔绝就是"保护"。殊不知我们保护的不仅仅是遗迹的物质本体，更要保护其蕴含的文脉，文脉得在活体之中传承。有效利用是文物保护重要传承方针的体现。

其二，许多地方宁愿依附或硬套与自己相去甚远的"大"历史，即历史名人、家喻户晓的历史事件而忽略"小"历史，一味求大是当今的一股风气。挖掘身边细小但真实的历史更有价值，通过发现、挖掘、推广使不知名的历史变知名，甚至成为一门"显学"，这像原发科技一样重要。

其三，保护手段要创新，要多样化。干窑的动态和静态保护展示要合理安排，既要注重"硬件"，也要注重研究、出版、传播等"软件"，正如窑包不烧加上保护不到位就会倒塌一样，硬件系统也需要"气"的支撑，"气"指的是看不见的软件。

其四，干窑的生产要处理好与环境保护的关系，要有新思路、新方法、新技术，在不改变传统工艺和基本形制的前提下，让干窑镇成为传承生产古建筑材料的非遗亮点。

干窑镇的窑文化遗迹保护与开发，为我们树立了一个非著名遗迹保护与开发的范式，它从遗迹本身特点出发，抓住"活"字这个关键的着力点，运用多样化的保护、开发、传播手段，产生了非常好的社会效益和经济效益。

中国文化遗产研究院原总工程师

中国文物保护基金会罗哲文基金管理委员会主任

序二
历史"长尾"上的干窑

（一）

历史遗迹的发掘和运营，是一门注意力经济。人们更关注著名人物、著名事件的遗存，如果遗存本身自带精品属性或恢宏叙事的气质，就更好了。人们只关注重要的人或重要的事，如果用正态分布曲线来描绘，人们只能关注曲线的"头部"，而忽略了处于曲线"尾部"、需要花费更多的精力和成本才能注意到的大多数人或事。浙江省嘉善县干窑镇的窑文化遗迹就处于这样的曲线"长尾"，具有以下特点。

一是"小"。干窑镇位于长江三角洲环太湖区域，这一区域土质细腻、黏合力强，适宜砖瓦烧制。从史前文化的烧结砖、秦砖汉瓦、明清时期专业的窑业市镇，到近代开埠后在大上海建设中的大放异彩，干窑砖瓦窑业正是环太湖区域窑业历史文化的典型代表。在长三角的窑业史上，干窑镇与陆慕镇、天凝镇等共同组成了一串璀璨的珍珠链。

二是"低"。对瓦当的研究与收藏，早在金石学较为发达的北宋时代就开始了，此后的南宋及元明都有记载，清代乾嘉学派将瓦当的研究推向高峰。当时，文人士大夫间收藏与研究瓦当甚为流行，从清末到民国，在一代又一代的瓦当研究与爱好者的努力下，瓦当走进了寻常百姓家，成为大众喜爱的装饰品和收藏品。但与精品文物相比，傻、大、粗、黑的建筑构件的收藏价值一直较低。"低"也意味着升值空间大，关键是挖掘出窑文化的价值并加以发扬光大。

三是"活"。有着300多年历史的沈家"和合窑"，是一座承载着旧时代烧窑技艺辉煌的"活遗迹"，为中国各地的文物修复、仿古遗迹等烧制砖瓦。生活在当下的掌握着古老技艺的窑工们，也有一种富有生命力的历史感。也要感谢计算机记录和存储功能这么强大的今天，每一个人都可以在历史上留下一笔。以往历史只讲述"人类群星闪耀时"，只有极个别的人物或极幸运的人物能够被载入史册。这批窑工的前辈们，偶尔也会将自己的姓名刻制在某块砖上，这是产品责任制的一种表现，但也只是留下一个名字而已，再无其他史籍参照与其产生更多的关联。为此，我们希望能细描这一段历史的"长尾"。

（二）

干窑窑业历史悠久，辖内发现唐代瓦当后，干窑窑业被初步判定起始于唐代。又据在干窑长生村宋代大圣寺遗址出土的"景定元年"铭文砖，最迟于宋代干窑就已开始烧制砖。

明代苏州秦氏迁入干家窑，并将京砖烧制技艺传入江泾，吕氏、陆氏开始生产"明富京砖"。从干窑出土的明代嘉善城砖以及清顺治年间干家窑产砖运往杭州建造满城（在杭州）可见，明末清初干窑烧砖技艺已趋成熟。清代中期，干窑已成为嘉善县的窑业中心，被称为"千窑之镇"，县志记载："宋前造窑，南出张汇，北出千窑"。位于干窑镇的古砖瓦窑沈家窑，以烧制"敲之有声，断之无孔"的京砖闻名。传说乾隆皇帝下江南时，误将"千窑"念"干窑"，"干窑"由此得名。至今仍在烧窑的沈家窑、和合窑已成为省级文物保护单位。

干窑也是江南窑文化的发源地和传承地。干窑的砖窑文化不仅包括窑业特有的生产技艺，如砖窑建筑技艺、瓦当生产技艺、京砖生产技艺等，还包括瓦当砖雕文化、窑乡民间故事传说、窑工生活习俗等。干窑的"窑文化"是文化百花园中的一朵奇葩，形成了江南水乡独具特色的砖瓦窑业文化。干窑文化不止于窑墩林立、砖瓦世界，而是多姿多彩、鲜活生动，每年农历正月有"马灯舞"表演，走亲访友常提杭、嘉、湖地区特有的工艺食品"人物云片糕"，还有与景德镇瓷器、北京景泰蓝并列为"中华三宝"的干窑脱胎漆器，以天然大漆和夏布为材料，经裹布、上漆、上灰、打磨、髹饰、推光等数百道工序纯手工制作，一件小型成品就得历经一年半载。

窑文化实质上是干窑镇、嘉善县乃至嘉兴市最有特色的民间文化之一，既是十分珍贵的物质文化遗产，又是特色鲜明的非物质文化遗产，干窑镇党委、政府正在进一步挖掘窑文化，做好窑文化文章，为长三角一体化提供深厚的历史底蕴和宝贵的文化财富，着力建设窑文化展陈馆、窑文化非遗体验点、修复废弃窑墩遗址，打造"窑文化"旅游品牌，推动窑文化的保护与传承。

编撰以窑文化为主题的书籍也是挖掘和保护窑文化的重要手段。干窑窑文化系列《窑火凝珍》正是在这样的大背景下，以"窑文化"学术研究、传承传播为主旨，邀请老窑工、民间爱好瓦当收集名家、高校学者和文化部门的有关专家学者等，回忆、讲述、挖掘、整理有关窑文化的历史、故事，并通过文字、摄影、摄像记录下有关京砖、瓦当的传统生产技艺，以图文并茂的方式全方位展示窑文化。

（三）

干窑窑文化系列共分七册，各册简介如下。

册一·影:《镜头里的干窑》是关于干窑窑文化的影像志。本书选取由著名摄影师拍摄的干窑照片（历史照片＋定制拍摄），勾勒干窑影像自身嬗变和行进的历史，也试图从感性的角度回溯干窑人与窑文化之间的深刻情缘。影像记录对象包括窑墩建筑、小镇景点／古迹、窑工、镇民生活、非遗展示、生产现场、活动场景等。

册二·史:《嘉善砖瓦窑业历史文化的传承》是关于干窑窑业与窑文化的简史。按照年代时序，内容上强调每个时间段干窑砖瓦对外影响和时代地位。时间断限由上古至今日。

册三·工:《干窑砖瓦烧制技艺》主要反映古代、近现代干窑砖瓦烧制的过程，以列入浙江省非物质文化遗产名录的"嘉善京砖"生产技艺及列入市级非物质文化遗产代表名录的"干窑瓦当"生产技艺为重点。干窑窑业制品品种丰富，以砖瓦烧制驰名。对民国后机制平瓦诞生及生产技艺等进行介绍。

册四·物:《干窑窑业精品鉴赏》注重对窑业制品的重要社会功能及其艺术价值进行挖掘，尤其对古代干窑生产的铭文砖文化、瓦当文化进行解读，凸显干窑窑业精品独特的艺术地位。干窑窑业实物分为窑业精品及窑业相关文物两部分。窑业精品反映了古代干窑工匠精神，以工艺精湛、寓意吉祥为主，根据用途，可分为建筑材料和生活用品两大类。干窑窑业相关文物包含在干窑窑业发展过程中保存下来的实物，见证了干窑窑业的兴衰史，通过对相关文物的赏析，以物证史，传承历史，照亮未来。

册五·俗:《瓦当下的俗日子》是干窑窑文化的民俗辑录。窑文化中"俗"的部分，分为砖窑、砖瓦及窑工习俗三个部分。其中窑工习俗围绕衣、食、游、艺及拜师、婚丧、信仰、祭祀等展开。抓住习俗中最具吸引力的部分，在讲述人物或故事的同时，融合民俗资料，古今结合，探寻习俗传承与演化。窑乡的民俗充满了"实用"与"智慧"，那些"规矩很大"的事情，令青年一代感到新鲜的同时心中敬畏油然而生。希望能够用轻松、诙谐又饱含敬意的态度去展现瓦当下的俗日子。

册六·声:《时光碎语:流淌于干窑之间的传说与故事》是关于干窑民间故事传说的民间文学集，可称为窑乡"风雅颂"。窑工是民间传说和故事的天然创作主体、再次创作主体和听众，窑场也为其提供了传播情境。本册辑录了干窑的传统民间故事及新时代创作的作品。

册七·人间:《千窑掬匠心：窑工实录》是关于干窑生活的"纪录片"。现代窑工生活实录、老人对窑乡的记忆、乡土变迁故事等。通过挖掘记录民间的文化记忆，探讨现代乡村（窑乡）的精神底座与物质文明的冲突与互适。希望通过对窑乡相关人物的访谈，寻访到可以留存和传承的文化记忆，记录现代乡村的"人世间"，包括寻访烟火人生·人情故事、寻访火热生活·创业故事、寻访文化遗迹·手艺传承、寻访乡土变迁·乡贤归巢等等。

这七册基本上反映了干窑窑文化从物质到精神的方方面面。

前　言

————————————

　　中国数千年的烧制史，离不开一个"窑"字。不起眼的黄土泥巴，只有经过"窑"的淬炼，才能蜕变为精美的陶、瓷，实用的砖、瓦。

　　中国是世界上最早使用窑炉生产的国家，新石器时代，中国已有烧制陶器的穴窑。嘉善一带泥土湿润而有黏性，烧制陶器或砖瓦，得天独厚，借天时为己用，较早地利用黏土烧制器物，方便生活，理所应当。干窑附近的大往圩遗址，大量马家浜文化、良渚文化、崧泽文化等时期黑陶和黑衣陶的出土，更是证明了这一点。

　　至宋时嘉善窑业兴盛，产出器物也不再仅仅作为自用，而是逐渐成为商品，形成产业。据《张泾汇宋末义民李太均葛道抗元营垒遗址调查》载："吾邑窑市，在未建邑前，以余藏'秀州华亭县'一砖为断，当始于宋时，或尚在宋前，窑村成市在张泾汇，而不在今之干窑洪家滩等处也……"可见，嘉善早已有专业化的集市。明清两代，嘉善窑业名盛一时，明万历《嘉善县志》载："砖瓦，出张泾汇者曰东窑，出干家窑者曰北窑。"此时嘉善已有品牌意识，以产地对窑制品进行区分，进行着商业竞争。

嘉善窑业发展的顶峰是清晚期到民国年间。太平天国运动后，时局动乱，大批商贾涌入江南地区经商避难的同时，大规模建造居所，一时间砖瓦需求量剧增。窑业基础雄厚的嘉善成为商人们的首选地，纷纷在此投资建窑，据清光绪十六年（1890）三月三日《申报》载："浙江嘉善县境砖瓦等窑有一千余处，每当三四月间旺销之际，自浙境入松江府属之黄浦，或往浦东，或往上海，每日总有五六十船，其借此谋生者，不下十数万人。"

盛极而衰，是一切事物发展的规律，嘉善的窑业也不例外。20世纪五六十年代起，受泥源限制并因各地建材业的发展，土砖土瓦已不适应时代需求，嘉善砖瓦业也逐渐走向衰落。

历史上，砖瓦业曾是嘉善仅次于稻米业的第二大产业，在嘉善下辖的干窑镇，情况更是如此。干窑，嘉善辖镇，因"窑"而兴、以"窑"为名，是嘉善窑业发展的典型代表，传说干窑范围之内，砖瓦窑数以千计，砖瓦业甚至可以和稻米业分庭抗礼。

在传统的农业社会中，以家庭为基本生产单位、以手工为主要生产方式的自给自足的小农经济占主导地位，生产主要是为了满足家庭生活需要而不是用于交换，干窑的生产生活方式明显与传统农业社会相悖。正如卡尔·马克思所言"经济基础决定上层建筑"，某种产业发展到一定阶段往往衍

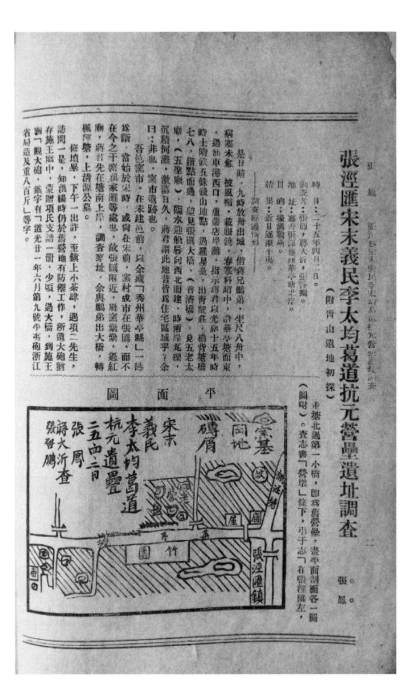

图1　1936年《乡心》创刊号所刊张凤《张涇汇宋末义民李太均葛道抗元营垒遗址调查》一文书影（金身强提供）。

生出其独有的文化，干窑独树一帜的产业形态也就催生了其与众不同的地方文化。

"讲故事是人类最古老且最基本的话语方式，是人类生活中一项不可少的文化活动，不讲故事则不成其为人。"民俗学家万建中说，故事贯穿于人类生活的各处，从大洋彼岸到古老东方，每一个地方都有独特的故事、传说，作为地方经济文化现象的集中表现，干窑引以为本的窑业则恰好孕育了这些故事、传说。

窑业中大量的工人是民间传说和故事的天然创作主体、再次创作主体和听众，产业工人们的生产生活也为这些民间传说和故事提供了传播情境。

与传统意义上的文学作品不同，我们很难去追溯某个民间传说或者故事的原创者，并且我们现在听到的传说、故事与其最初的版本相比很可能天差地别，干窑的民间传说和故事也是如此。

在干窑，一代代窑工是故事的创作者。烧窑的过程枯燥乏味，窑内异常闷热，到处弥漫着呛人的粉尘，窑工们很难在"上工"时相互交谈，只能埋头苦干。上工间隙，是窑工们难得的可以交流的时光，他们聚集在阴凉处谈天说地，或说一说自己的所见所闻，或谈一谈自己的所思所想，在彼时干窑的这块土地上，大家的生活环境都差不多，所说的也无非是生产生活中的经历，讲一讲老一辈流传下来的传说，你一言、我一语，相互补充印证，就成了故事的雏形。

在干窑，每个窑工也是故事的讲述者。每座窑的窑工也并不固定，窑工们流动于各个窑之间，一个窑工在前一个窑听了故事，到了下一个窑他就会变成故事的讲述者。在娱乐活动匮乏的年代，很难有比一则传说或者故事更让窑工们感到放松的娱乐活动，无论是否喜爱表达，这些故事都会在上工间隙在各方窑口间传播开来。

这些故事并不是一成不变的。讲述的过程从不是机械的背诵和复述的过程，讲述者的性格特征、人生经历及理解能力并不相同，经过他们的理解、消化和再讲述，外加环境发生变化，讲述者会为故事增添一些新的元素。

故事形成了千差万别的版本，但并不是所有版本都能流传下来。故事的传承过程也是一个优胜劣汰的过程，一些矛盾冲突激烈、情节吸引人的版本会更多地得到认可，被大家再次传播，而一些枯燥乏味的版本则慢慢消逝于时间之中。

时至今日，嘉善古窑十不存一，窑业逐渐凋零，只有沈家窑等几座古窑尚有窑火，以窑为生的人也已不多，但是因窑而产生的传说和故事却流传了下来，并在新时代焕发出新的生机。

目录
CONTENTS

上篇　干窑的传说与故事

干窑传说 / 003

干窑之名 / 005

干窑风物传说 / 009

干窑的故事 / 015

干窑人物故事 / 017

干窑风物故事 / 021

**下篇　干窑民间传说与故事的
传播及发展**

干窑民间传说与故事的传播方式 / 027

干窑民间传说与故事的叙事特征 / 031

以时、空为轴 / 033

相对固定的话语表述 / 035

干窑民间传说与故事的困境与传承 / 037

传承困境与新生 / 038

新时代民间故事 / 042

附 录

干窑传统故事 / 049

小瓦的来历 / 050

寿字瓦当 / 052

莲花瓦当 / 054

蜘蛛瓦当 / 055

千窑变干窑 / 057

千军万马与千砖万瓦 / 059

八月廿五庙会 / 061

巧除竹篱笆 / 064

无一帖的故事 / 065

遗臭万年的贪官浦霖 / 066

窑家姑娘与"踏扁桥" / 067

小窑港两座桥 / 069

干窑镇醉翁桥 / 070

楠木桥的故事 / 071

乌桥和关帝庙 / 075

三仙斗的传说 / 078

干窑新时代故事 / 081

会跳舞的瓦当 / 082

钱氏船坞的传说 / 087

窑工八大碗 / 094

窑神传说 / 100

上篇　干窑的传说与故事

干窑传说

传说作为历史记忆的符号，超越了历史但又包含着一定的历史信息在内，是一个地区的民众对过去的精神文化和心理认知的集体记忆与集体心态的文本式呈现。

干窑人将与干窑有关的历史人物、史实、地方风物及社会习俗等口口相传留存了下来，形成了干窑人的集体叙事，成为一代又一代干窑人的文化认同和历史归属，也为后人回望干窑的历史提供一定参照。

当然，传说的产生和流传过程包含着丰富的社会舆论与情境，具有很强的活态传承性，随着历史的不断演变，在不同的历史时期会加入一定富有时代特色的因素或者凭借主观臆断删除某些因素，传说因此会出现多个版本。

我们不能简单地将传说等同于历史，但是仍然可以从传说的点滴中去体会客观存在的历史，在 21 世纪的今天去追寻当年干窑的荣耀与辉煌。

干窑之名

地名是历史的精髓要素，地名的产生是对历史文化状况和事件的记录与反映，正因如此，地名之中往往蕴含着传说。干窑之名，众说纷纭，无论哪种，都离不开窑与砖、瓦。

传说越曲折离奇越吸引人，也更具传播力，"干窑"曾叫"千窑"的说法最有市场。据金天麟主编的《中国民间文学集成浙江省嘉善县故事、谚语卷》，很久以前干窑大圣寺来了

图 2　干窑长生村大圣寺遗址（金身强摄于2016年）。

一位风水先生，预言此地可出千军万马，将来必成帝王之地。寺里的龙长老一听非常欣喜，开始大批招兵买马，但是多年过去未见动静。一名头领献策用这里的土丘做砖瓦，先解决众人的吃住问题。寺庙内很快便如火如荼地生产起了砖瓦。后来，长老圆寂，风水先生再次来到这里并言："虽无千军万马，不能为国效劳，但有千砖万瓦，能为民造福，此乃天上人间又一桩好事也。"从此，"千军万马成为千砖万瓦"的传说便流传下来，人们感恩长老为干窑镇的窑业发展做出的贡献，因此在镇子南面建造了一座庙纪念龙长老，还种下一棵万年柏树。[1]

还有一则传说更为久远。相传在秦始皇时期，因为战争需要，有一官员到杭嘉湖地区招兵买马，但是这位官员年老失聪，误传皇命，要求交出千砖万瓦，这下急坏了江南官吏，随即命百姓加紧制作，自此江南的窑业便开始蓬勃发展起来，也因为"千砖万瓦"这一误传，有着"窑乡"之称的嘉善干窑地区当初被称为"千窑"。

这两种传说仅仅对"千窑"名称的来历做了记录，但对"千窑"为何变为"干窑"语焉不详，著名瓦当收藏家董纪法先生和干窑中学曾经老师口述的两种说法则对"千窑"变"干窑"进行了解释。

董纪法先生认为干窑之名来自乾隆皇帝的金口玉言。相传，干窑窑业兴盛，砖瓦窑墩不计其数，一老者见之盛

1　金天麟：《窑乡的文化记忆》，上海文艺出版社，2009，第 11、13、4、2 页。

况，以"千"概括，称此地为"千窑"。清乾隆年间，乾隆皇帝下江南之时路过此地，看到遍地砖瓦窑墩，盛赞此地壮观，但由于"千"字与"干"字相似，乾隆皇帝将"千窑"误读成了"干窑"，皇帝金口玉言，于是之后此地便以"干窑"为名。

曾经老师认为干窑之名来自当地人的笔误。据传，此地的先民最早以泥糊草盖的方式建房，后来这个地方来了一位老汉，带领家人们踏泥做坯，烧制成了砖头、瓦片，盖的房屋胜过草舍，可经受住风雨，人们看到之后感叹砖瓦的实用并纷纷开始效仿，烧制砖瓦建造房屋。随着烧制砖瓦的人越来越多，这里的砖瓦不仅可以满足自用，还有余量用于交易，慢慢地，这里便成为砖瓦生产地和重要的交易市场，来往的人们看这里窑墩数量成百上千，于是给此地起名"千窑"。因为"千"与"干"写法相似，很多人经常写错，"千窑"就逐渐变成了"干窑"。

图 3　清康熙《干氏宗谱》抄本干宝像（金身强提供）。

关于干窑名称的由来，有一则传说的可信度最高。传说，干窑之名与晋代文学家、史学家干宝有一定联系。干氏家族发展到晋朝不断有名人出现，《续修干氏宗谱》记载干宝家族"至三十一世"在海盐半路（逻）的一支曾迁居到干窑一带生活。干宝的后裔在这块水草肥美的水乡泽国定居下来，并从事烧窑制陶，干家的窑在当地颇有影响力，从而逐渐形成了干窑一带的窑业，并聚居成镇。这种说法加上史料的佐证似乎对于干家窑的名称由来显得更具说服力。

干窑风物传说

一带江山如画，风物向秋潇洒。风物，既可以是建筑、特产、老物件，也可以是传统习俗等，这些风物往往承载着一个地方的历史、文化，寄托着人们对家乡的情思。

干窑的传说大多是关于建筑的传说，其中以"两座桥"[1]的传说最为有名。干窑镇东北方向有一条小窑港，小窑港两岸曾是十分热闹的集市，人称"小窑街"，小街上有两座桥，一座叫任家大木桥，另一座叫斗气桥。干窑物产丰富，是鱼米之乡，住在附近的农民、商人依靠地利，生活富足且安宁，其中最为幸运的是一名叫任富的富商。任富以肉铺为生，生意十分兴隆，不出几年任家就变成了大财主，任家肉铺为了扩张财势，在精心盘算后花费数千两银子在自家门口建造了一座木桥，取名任家大木桥。

---

1 金天麟:《窑乡的文化记忆》，上海文艺出版社，2009，第120、150页。

图4　小窑街上的老宅（金身强摄）。

任家东面有一个叫丁聪的大地主，家有千亩良田，是干窑数一数二的富户。丁家不服气任家这个"后起之秀"，便与任家斗气，在自家后门用石头建起了一座大石桥，取名斗气桥。

两座桥相距不远，留存至今，也一直承载着这个有趣的传说。与之类似的还有踏板桥、踏扁桥、醉翁桥、楠木桥、乌桥和关帝庙，这些风物经过岁月洗礼，在今天的干窑仍然发挥着巨大的作用，为干窑人的生活提供便利。

关于"面疙瘩"饮食习俗的传承也有传说。干窑的窑工很喜欢吃一种叫作"面疙瘩"的食物。这种面食制作简单，嚼起来又柔韧，类似"面筋"，可以抗饿，对窑工这种重体力劳动者最为"友好"。在干窑的传说中，这种食物起源于一件助人为乐的好事。相传干窑有一个穷秀才，年过三十，家中一贫如洗。最令他烦恼的是，他的住所年久失修，经常漏雨。有一天好不容易弄了点稻草，并请附近的泥水匠来修补房屋。匠人同情秀才，便答应帮他修屋可以不计工钱，只吃一顿中饭即可。但是秀才家中没有粮食，遂向左邻右舍借了三升小麦，让娘子磨成粉擀面吃。谁知面刚磨好，突降大雨，大家忙着收拾，完全顾不上那盆面。雨停之后，秀才看到面粉盆掺满了水，还夹杂着稻草。他便将面粉放进清水揉洗。不一会儿，面粉变成又柔又韧的面团，娘子将面搓成疙瘩下了锅，又放了些咸菜，加上佐料变得非常美味。匠人一边吃一边夸秀才的娘子手艺好。自此以后秀才家经常这样做着吃，左邻右舍也纷纷效仿。

　　干窑千百年来流传下来的传说中自然少不了关于瓦当的故事。非常有名的一则是关于"人面瓦当"[1]的传说：明宣德五年（1430）嘉善建县后，干窑镇的砖瓦业蓬勃发展，有一窑户经营得当，家中十分富足，有高楼有田亩。但是这个富足的窑户却一点也不孝顺，他让老娘住在柴屋里，一天只给二餐，不是冷粥冷饭就是剩菜剩饭。老太太实在没有办法过下去，听说县里来了一位新知县，就悄悄地投了一张状子，告自己的儿子忤逆不孝。新知县看到状纸后，没有声张，以其他名义来到这个窑户家中，在看到情况属实而窑户却不知悔改后，要求窑户按照出生时的体重将脸上的肉割下来还清母亲的养育之恩。如此刑罚吓坏了窑户，悔过不迭。知县见状便说："见你有悔过之意，割肉的惩罚就免了，限你在三日之内交付五百两银子，否则就继续实行割肉刑罚。"三天以后，窑户带着银子前往衙门，知县递给他一张画着人脸的瓦当图，让他用这五百两银子为老娘建造一座房子，瓦当就用图上画的这种图案。窑户看到那纸上画的瓦当图案分明就是自己的脸。新知县用这种方法告诫窑户孝敬长辈，窑户从此痛改前非。干窑人听说了新知县用人面瓦当巧妙地惩处了大窑户，纷纷制作人面瓦当以示纪念。后来人面瓦当成为干窑瓦当中的一个品种。

1　金天麟：《窑乡的文化记忆》，上海文艺出版社，2009，第127、128页。

此外还有关于干窑是京砖生产的发源地之一的传说：早
年有一个皇帝看中了洪溪毗邻的干窑镇江泾村一带，想要建
造一座皇城，下令当地烧制御用的砖，但是窑工们生产的砖
块都不能令皇帝满意。钦差大怒，要处死窑工们。有个老窑
工站出来并承诺自己可以造出令皇帝满意的砖，于是，老窑
工烧制出一种超大的方方正正的砖块，钦差看到之后非常满
意便下令大规模生产，后来皇帝被农民起义推翻，这座皇宫
也没有建造起来，但是这种砖却成为当地的特色品种，因为
最开始是准备用于建造金銮殿的，所以便叫作金砖。

无论是关于干窑之名的传说还是干窑风物传说，都是一
种具有凝聚功能的社会共识，其中不仅有对名称和历史古迹
的解释，还积淀了干窑民众的集体记忆，承载着他们的心灵
记忆、情感观念和价值判断，折射出干窑人从古至今对善良
与正义的追求。如果以现在的眼光重新审视，这些故事似乎

并不符合现实逻辑，有些传说甚至让人失笑，但传说的意义就在于社会情绪的宣泄与民众愿望的表达，事实本身反而变得没那么重要了。传说中丰富且深厚的思想，正是其可以经久不衰、代代相传的生命力所在。

干窑的故事

民间传说与民间故事是同属于民间文学的两种不同的体裁。民间传说是一种民间口头叙事文学，指民间长期流传下来的对过去事迹的记述和评价，是与历史事件、历史人物及地方古迹、自然风物、社会习俗等有关的故事。人们通过民间传说诉说历史现象、事件和人物，表达观点和愿望，从这个意义上讲，民间传说往往给人以其是真实历史的错觉。而民间故事是民间叙事散文作品，也称"古语""瞎话"等。作为文学体裁的一种，民间故事更加侧重于对事件过程的描述，民间故事的内容取材于现实生活并加以虚构，有的则是创造者杜撰出来的，其主人公或有名有姓，或无名无姓，甚至是被拟人化的动植物，不一而足。这些人物和事件充分表达了创作者的理想和愿望。

民间故事以口语化的通俗语言，表达着老百姓现实中的理想和愿望，充满了浪漫色彩与想象力，反映着人生百态和社会变迁。干窑镇在悠久的历史长河中留下了不少脍炙人口的民间故事，可以大致分为人物故事和风物故事两大类，充分挖掘和研究干窑民间故事，能够有效增进地域间的文化交流，使古老的故事焕发出新的生命力。

干窑人物故事

人物故事主要讲述干窑镇窑工们在窑厂的故事，大多以虚拟的人物为中心，依据窑乡人民所处的社会情境创作，内容既有颂扬廉洁的，也有鞭挞邪恶的。故事《巧除竹篱笆》[1]讲述嘉善的贪官知县腐败贪赃、中饱私囊，想尽办法搜刮钱财、鱼肉百姓。知县将朝廷修筑城墙的拨款大部分都贪墨了，用竹头扎成的篱笆围在城墙上，形式主义地加高了城墙。一个农夫看不下去，便将城墙上的竹篱笆拆下来拿回家当柴烧，百姓纷纷效仿，很快城墙上的篱笆被拆得一干二净。知县只得把钱吐出来修缮好城墙。《无一帖的故事》讲述一位老中医，为官时两袖清风，告老还乡后给乡亲治病，黄三找他看黄、胖、懒和穷的病，老中医让他每日去茶馆喝茶并捡拾地上的橄榄核拿回家种，两年后黄三身材变得匀称，肤色也不黄了。老中医让病人去黄三处买橄榄叶做药引，逐渐黄三的穷病也被治好了。老中医没有开一帖药也没有收一分钱便治

1　金天麟：《窑乡的文化记忆》，上海文艺出版社，2009，第129、135页。

好了黄三的黄、胖、懒和穷病。

窑乡的窑厂上还流传着体现民众对美好生活向往和追求的民间故事。《小放牛》讲述干窑镇有个自幼父母双亡但家境颇为殷实的小男孩，哥嫂十分吝啬，并把他视为争夺财产的"眼中钉"，对他经常上手打骂，还让他睡在猪棚里。小男孩不堪忍受，心想如果能有几亩田地就不用再经历这种折磨了。他历经曲折并在众人帮助下，才迫使哥嫂分给他最远的三亩薄地。可是小男孩没有种子，只能又去向哥嫂要。恶毒的哥嫂为了要回这三亩田，给了他炒熟的种子，只留下一颗可以播种的种子。小男孩心知肚明，精心地照看这仅存的一颗种子，没想到种子发芽后长得非常茁壮，有一天被一只五彩的鸟叼走。小男孩一路追赶，来到了一个窑洞门口。他刚一进去便被光刺得睁不开眼，晕了过去，醒来后发现洞里到处都是黄金。小男孩惊喜万分，拿了几块回家。哥嫂知道后也想效仿，但恶人自有恶报，第二天两人追到窑洞口后假装晕倒，醒来正准备搬运金子的时候，这些金光闪闪的黄金竟突然变成了一条条毒蛇，就这样把他俩咬死了。后来，小男孩将哥嫂四处搜刮来的财产分给穷苦的乡亲们，大家从此过上了幸福美满的生活。

此外也有反映当时社会风貌的民间故事。《黄莲姑娘》[1]讲述了一位叫"小黄莲"的姑娘的悲惨经历。她从小被收养，12岁时给邻居做童养媳，从此便过上了悲惨的

1　金天麟:《窑乡的文化记忆》，上海文艺出版社，2009，第133、138页。

MINJIAN
WENYI
JICHENG
'87一回

嘉善县干窑乡（镇）

民间文艺集成资料选库

第一卷

干窑镇文化站藏

图 6　嘉善县干窑乡（镇）《民间文艺集成资料选本》（第一卷）封面（朱奕村藏）。

生活。家中有着无数的脏活累活要她做，恶婆婆故意刁难她，让她干很多活却只能吃很少的饭。小黄莲一直默默忍受，只因心中还有一丝希望寄托在丈夫沈得福身上。16岁那年他们终于正式成亲，她本以为能迎来好日子，但是没想到丈夫非常自负，认为自己读书多、见多识广，对她百般嫌弃，最后抛弃了她。可怜的小黄莲最后惨死在自己寄托了全部希望的丈夫沈得福手上。《糯子阿大的来历》也是一个贴近现实生活的民间故事。只要提到"糯子阿大"，干窑人便能说出其原来的店开在什么地方。新中国成立前夕，干窑镇的窑业兴盛，有一对弟兄以种田为生，日子过得十分清贫。经过商量，二人决定老大去镇上做生意，老二留在家中种田。后来老大在镇上做起了糯子店生意，依靠自己的精妙创意，生意逐渐红火起来。一天他关店后，走访了多家小吃店，最终在一家"小宁波汤团店"喝了"一客汤"。当天回家之后他便又一次进行了产品创新，并挂出了"只想糯子店"的招牌，人们纷纷前来品尝，人人叫好。从此，阿大的糯子出了名，人们也不记得阿大的原名，一直叫他阿大。

此类民间故事数量颇多，大部分原载于嘉善县干窑乡（镇）《民间文艺集成资料选本》（第一卷）[1]，这些生动又极富感染力的故事在干窑镇的窑工之间广为流传。

1　浙江省民间文学集成办公室编，1989年8月。

干窑风物故事

———————◆———————

　　干窑的风物故事中有很多源自窑业文化，比如在窑业中制作的瓦当，其样貌造型图案并不是随意绘制而成，而是反映了民俗特征，拥有特定的内涵，例如"蜘蛛瓦当"寓意着揭露罪行、"莲花瓦当"象征着出淤泥而不染等，这些故事往往来源于民间传说，后经加工，故事要素更全、可读性更强，逐渐成为更具传播力的干窑故事。

　　"蜘蛛瓦当"是在瓦当表面绘制一张蜘蛛网。关于"蜘蛛瓦当"[1]流传着一个故事。窑工因不堪忍受窑主和知县的相互勾结与残酷剥削，集体罢工，但告失败，带头罢工的几个人还被抓进大牢折磨致死。人们敢怒不敢言，有个叫阿土的窑工，在瓦当上绘制了一只蜘蛛和一张蛛网，将官府和窑主喻为蜘蛛，寓意他们再怎么无法无天，都逃不过律法这张大网的惩治。此外他还不断收集知县与窑主勾结的罪证，静待时机。终于有一天听说钦差官船路过，阿土奋力冲上前，将

———————

1　金天麟：《窑乡的文化记忆》，上海文艺出版社，2009，第 64、67 页。

"蜘蛛瓦当"送给钦差并呈上知县和窑主的罪证。钦差听后震怒，将此事上报朝廷，最后恶人被严惩。人们纷纷钦佩阿土的智慧，"蜘蛛瓦当"也成为当时的抢手货。

"莲花瓦当"背后也有故事。一位在外做官的干窑人因不顾上司反对查处了一桩地方官贪赃案件后，被革职回到干窑。他在家中种了莲花。每逢莲花盛开，他便坐在水边临摹，画了一幅又一幅的莲花。慢慢地，他的莲花越画越好，名声越来越大，前来求画的人越来越多。附近一位窑工也想求一幅莲花画用在瓦当上。窑工说莲花的寓意好，象征着清廉，深受老百姓喜爱。他听后十分欣喜，画了一幅莲花赠予窑工。自此，便有了"莲花瓦当"。

还有一种瓦当叫"喜上眉梢"，瓦当表面刻有一只大公鸡，背后的故事也流传甚广。清朝的时候，盛产京砖的江泾村有一对老夫妻。一天，老妇人想捉了自家的两只大

图7 "蜘蛛瓦当"（董纪法藏、金身强摄）。

图 8 "莲花瓦当"（董纪法藏、金身强摄）。

公鸡去庙会卖掉，为家人扯几尺布做一身衣裳。她将大公鸡用几根稻草扎牢放进竹篮，到镇上后，不承想公鸡挣脱稻草转身跑进了杂货店。老妇人急忙上前寻找，但被店主阻拦，他一口咬定没有公鸡跑进来。老妇人心急如焚，气得号啕大哭。碰巧知县经过，老妇人急忙上前讨个公道。知县大人听后便到杂货店探究原委，店主还是一口咬定没有见到公鸡。知县心生妙计，将店主圈里的三只鸡分开放置，并在地上铺上一张白纸，不一会工夫就分辨出了三只鸡里有两只是老妇人的。店主不解知县大人分辨出来的办法。原来，店主家的鸡是圈养，吃米糠，排泄物是黄色的。而老妇人的鸡是在乡下散养，排泄物是青草的颜色。知县就这样破了案，公鸡也还给了老妇人。老妇人回家后将此事讲给丈夫听，丈夫感恩万分，说自己要做一种新的瓦当，刻上一只大公鸡，将这种瓦当放在屋檐上，每天都能看到，让天下人都知道知县的恩德。后来人们觉得做出来的瓦当上的公鸡更像是一只正在欢叫的喜鹊。老妇人觉得这个寓意非常好，认为不如就叫作"喜上眉梢"。这就成了"喜上眉梢"[1]的由来。

关于瓦当的民间故事还有很多，每一则故事都反映了人们的价值观，抒发了心中的喜怒哀乐。

1　金天麟：《窑乡的文化记忆》，上海文艺出版社，2009，第 68 页。

下篇 干窑民间传说与故事的传播及发展

民间传说和故事是人们对社会生活与理想愿望的艺术反映，经历了漫长的发展和传播过程，叙事特征独特而具体。流传下来的民间故事大多极具研究和传播价值，能够在思维、道德和品质等方面发挥正向作用，在"润心细无声"的同时，也在不断传播着当地的历史文化。

干窑民间传说与故事的传播方式

民间传说和故事的流传遵循着基本的传播演进规律，早期主要依靠口头传播和书面传播。口头传播是人类进行传播最常用的手段，在干窑，早期人们创作故事、讲述故事也是依靠口口相传。口语传播虽然能够提高听众注意力、加深印象，但即时性强、不稳定，对传播者的表达能力有要求，存在不同传播者间的差异和个人色彩，传播的受众范围较为有限。

"文字者，经艺之本，王政之始，前人所以垂后，后人所以识古。"[1] 文字与印刷术的出现，打破了从前"心记脑存"的情形，让民间文学作品的承载方式更加稳定。

干窑的传说与故事的文字记录相比于其他文学形式相对滞后，很长时间内这些内容都没有被记录在册，而是靠着口耳相传这一古老的形式在干窑内部小范围传播。

1984 年 5 月 28 日，文化部、国家民族事务委员会和中国民间文艺家协会发布了《关于编辑出版〈中国民间故事集成〉、〈中国歌谣集成〉、〈中国谚语集成〉的通知》（文民字〔84〕第 808 号），对全国民间文学作品展开普查，为此干窑所在的嘉善县也搜集整理了嘉善县范围内的民间文学作品，干窑的部分传说与故事才得以通过文字的方式记录下来。1988 年 8 月，《中国民间文学集成浙江省嘉善县故事、谚语

---

1 许慎撰《说文解字》，中华书局，1963，第 316 页。

卷》出版，这是对干窑传说与故事的第一次系统性整理。

文字传播不仅横向扩大了窑乡民间传说和故事的传播范围，而且能让作品纵向跨越时空流传。得益于此次整理，很多即将消失于历史长河中的窑乡传说和故事得以保存下来。

此后的几十年中，《中国民间文学集成浙江省嘉善县故事、谚语卷》的整理者、地方文化学者金天麟将嘉善的民间故事进行再次整理后收录于《窑乡的文化记忆》。

互联网具有全天候开放、覆盖面广、传播便捷等特点，将其作为传统文化的传播平台，具有其他传播平台不可比拟的优势。近年来，互联网这一新兴媒介的勃兴，也给干窑传说与故事的传播提供了新渠道。

一些本地的文化学者将干窑的传说和故事通过微信公众号进行转载，试图扩大其影响力，但这些转载大多为原文摘

图 9 金天麟像（摘自《窑乡的文化记忆》）。

录，缺乏传播力，并未造成太大的影响。近年来，短视频平台兴起，年轻的视频创作者们将这些内容进行二次创作，虽然没有形成太大声量，但传播效果明显提高。

与线上传播相比，干窑传说和故事在线下的创新发展似乎更为顺畅些。沈家窑现在的窑主沈刚将自家后院开辟为非遗文化实践活动基地，学生们可以在这里体验瓦当制作的魅力，沈刚也会穿插着为这些前来实践的学生们讲述一些干窑的传说和故事。目前，这个非遗文化实践活动基地已初具影响，时有当地媒体对其进行报道。

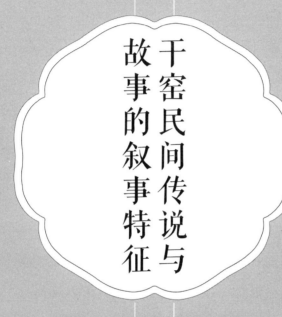

干窑民间传说与
故事的叙事特征

区别于其他文学体裁，干窑故事和传说有着独特的产生和传承规律，逐渐形成了相对固定的内部结构，虽然二者在很长时间内都以口头形式流传，讲述者更是千差万别，但是我们仍然可以从中寻找到一些规律。

以时、空为轴

————————————

　　民间传说和故事能够经历千百年流传下来，与其内容本身有着一定的流传要素是分不开的。例如窑文化的风物传说，大多都依靠实实在在的物体展开叙事描述，这些内容不仅仅描述了事件，也引发了人们对事物时间和空间的思考。时间与空间两个因素在不同的故事中各有侧重、不可分割。窑乡传说中的"踏扁桥""乌桥""关帝庙"等是现实的景观，决定了故事的主要呈现方式是空间叙事，故事内容通过客观的景观构成一个叙事单位，成为一种叙述的动力而不断推动故事的演进。"踏扁桥"这则故事一开始就表明了叙事的空间主体是踏扁桥，内容提到踏扁桥是一座年久失修的危桥，进而由此引出人物——窑工姑娘。她识字懂医术，时常帮助窑工们治病，被称为"穷人的女菩萨"，她每次去治病的路上都会经过这座桥。事件发生在一个风雨交加的夜晚，姑娘为了救治病人，过桥时发生了事故，然而桥却突然变了样子，姑娘得以脱险。通过情节层层紧扣，故事最后表达了"踏扁桥"名称的由来。可以看到，情景交融的审美境界让故事更加鲜明生动，具有明确的记忆点，给故事的流传提供了坚实的基础。

时间因素也是叙事的重要因素。故事的描述需要将所要表达出的情感寄托在"踏扁桥"这种物质空间上，让其成为时间的标识物，代表历史与现实的交融与凝聚。所有的故事情节都是一种时间的变化过程，这个过程以时间的延续为必要条件。在窑乡民间故事与传说的创作中，不仅有空间上的描写和侧重，更有着对事件的线性排列，几乎所有的故事都依托着时间的脉络发展。比如《涨财星和排财星》的故事，从排财星员外的儿子出生开始讲述，算命先生认为他是灾祸，到后来他成亲、休妻，晚年穷苦，直到最后年老体弱被饿死。故事依托着时间的脉络一步步发展，让人回味起来有迹可循。

民间传说和故事反映了干窑镇的窑文化，是一种群体共同拥有的象征符号，这些叙事符号可以激发窑乡人的凝聚力，唤醒他们对于自己特有文化的自信和认同。一个又一个的小故事、小传说里包含着大量窑乡人的文化和社会信息，不断流传的民间传说和故事不仅是对民间文化的保护，同时也在唤醒人们对窑乡的情感认同。

相对固定的话语表述

    小说、散文等其他的文学体裁往往由文化知识水平较高的知识分子创作，而干窑传说、故事则来自普通的劳动人民，受制于创作主体本身的能力，这些传说与故事的结构相对简单，尤其在开头，程式化明显。

    "相传""以前""很久之前"等固定话语频繁地出现在传说和故事的开头，这属于相对正常的现象，但一般意义上的故事是需要有相对明确的时间点的，而干窑的民间传说和故事的时间信息多是模糊的，这一点在人物故事中表现得尤为突出。

    这与故事长期的口头流传不无关系，口头信息的表达具有短暂性，除极个别记忆超群的人外，一般听众很难记住讲述者所讲述的全部信息，只能有选择地记住故事的基本情节，而遗忘细节的描述。这些传说在流传过程中被辗转讲述，后来的讲述者其实也知道缺失时间会导致故事失掉一些感染力，但他们并没有足够的知识和能力将这些时间进行复杂的模糊化处理，而只能以"相传""以前""很久之前"这些词语开头。

干窑民间传说与故事的困境与传承

传承困境与新生

2022 年 6 月的一个下午，嘉善干窑，许金海老人正在家中为来访者讲述着干窑的故事。几位来访者是当地民俗研究者和记者，听众都已经有一些年纪，老人的亲人也感叹道："找老爷子来讲干窑历史的人有很多，有本地学校老师、文化研究者和记者，甚至还有很多人专程从外地赶来，但唯独少了本地的年轻人。"

图 10　许金海接受采访（金身强摄于 2022 年 6 月）。

"现在的年轻人已经没有几个知道干窑的传说和故事了。"许金海对这些干窑传说和故事的传承感到担忧，"以前我们干活上工结束后聚在一起，大家就会聊一聊干窑的传说和故事，我现在知道的传说和故事大多数也是在那时候听来的，现在没什么窑了，没那么多工人了，也就没什么人聚在一起讲故事了。"

正如许金海所说，故事传播的场景在现在干窑的生活中逐渐消亡。之前，干窑镇的民间传说和故事的传播主要发生在窑厂中以及乡镇的茶馆等聚集场所，极少数可能发生在家庭范围内，如今窑厂和茶馆这两种讲述场所已经萎缩，很难再看到闲暇时刻窑乡人长时间、大规模地聚集在一起，而家庭规模逐渐变小，也让这种家庭讲述的传播范围变得十分有限。

许金海已86岁高龄，是干窑为数不多还健在的老窑工，这些传说和故事的讲述主体也已然逐渐减少。

不仅是讲述人在减少，听众数量也在骤减。从前，窑工们的娱乐时间非常少，听故事和讲故事既能打发时间又可以放松身心。如今，干窑镇的窑业已不再似从前那般兴盛，尚有窑火的窑也引入了机械化生产，窑工数量极少，这让干窑的传说和故事失去了最大的听众群体。

沈家窑是干窑为数不多尚在生产的古窑，窑工们下工后零零散散在空地上休息，偶尔抬头聊几句家长里短，但大多数时间都在低头玩手机。人们的娱乐方式极大丰富，网络带给大家便利的同时也侵吞了大家的生活，快餐式的娱乐方式填满了大多数人的休闲时光，当下很难再有人静下心来听一段故事。

以前故事的讲述基于人们自发行动，传受都是在自愿的基础之上。这种讲述让故事更加生动自然，传播能力也大大增强。如今，讲故事和听故事都不再是一项业余活动，而是一种社会责任，是一种将故事传承下去的功能性行为。

对于传承干窑传说和故事面临的困境，人们正在寻求突破困境的新路。

2019 年，中国故事节干窑故事会举办期间，向全国征集讲述干窑故事的文章。全国各地众多的民间文学爱好者和作家们积极参与创作，写窑乡的前世今生，说窑乡的发展变化，为窑乡的民间故事注入了大量新鲜的血液。

"干窑当地的民间传说为我们的故事创作提供了很多有趣的素材，这些故事也是对窑文化更形象生动的解读。我们在

图 11　采访沈家窑主后的合影（杭斌军摄）。

参观古窑的时候，了解了烧制、打磨等工序，也体会到古代劳动者的智慧和勤劳，这些都是不可多得的经历。"作家梁易受邀参加了此次采风活动。

"故事是最受欢迎的文学体裁，老少咸宜，便于传讲。干窑故事会的举办，让更多人关注干窑、了解干窑，也对干窑文化有了形象的解读，让窑文化与普通人拉近了距离。但一次活动的影响力毕竟有限，希望活动能持续下去，那么，越来越多的外界的关注，在适当的引导下，完全可以转化为推动干窑文化更上一层楼的内驱力。"在梁易看来，新干窑故事的创作不仅是对干窑故事的挽救，也是干窑文化整体向前发展的必由之路。

民间传说和故事记录着百姓生活的变迁，传达着最朴实的价值观和道德理念，在当代社会仍发挥着重要的作用，应加强对干窑民间传说和故事的保护，结合当下时代背景创新故事情节和内涵，干窑民间声音一定会被越来越多的人听到。

新时代民间故事

———————————————————

因时而新，本就是故事发展的规律，新时代也应该有符合新时代发展特征的新故事。

干窑镇新故事在继续弘扬"真善美"的基础上，增加了不少新时代的元素。朱闻麟撰写的民间故事《家传至宝》讲述了住在干窑镇的沈新志想要完成父亲临终托付，将家中保存的半块京砖复原，为找回另外的一半，他特地请来做古董生意的林老板。经过林老板鉴定这是一块产自乾隆年间的京砖，却似是被刻意地在造就时就分成了两半，这让沈新志想到了爷爷曾讲过的一则故事。沈家祖太爷一辈子在干窑做京砖，想要拥有一块属于自己的京砖，但是当时私藏京砖轻则坐牢、重则砍头，最后决定半块半块制作后运出来，在历经波折之后终于拿到了一块完整的京砖。祖太爷害怕被人知道，偷偷瞒着所有人将这块京砖埋在了自家院子地下，直到临终前才告诉了儿子。这个秘密就这样一代又一代地保守着，一直到后来古窑不再接受烧制京砖的任务，才将其拿出来摆在了自家的客厅里。因为之前家中困难，沈新志的父亲看着家

图 12　干窑沈氏京砖（金身强藏）。

里马上就没有粮食了，不得已之下拿着半块砖去了上海的城隍庙，换来 22 元钱。就这样这件事成了父亲的心病，直到临终还在嘱托沈新志找回半块京砖。林老板听后建议他在网上发布信息，寻找另外半块砖，可惜没有奏效。最后沈新志找到一位老阿公，决定自学手艺，制作另外半块砖，最后终于成功。自此，他也开启了自己以烧制京砖为生的道路。

这则关于干窑镇窑文化的民间新故事将背景设在了当今社会，故事中充满着现代元素，例如遇到困难寻求网络帮助、大功告成后通过打电话和发朋友圈宣告喜讯等。这些都是在以往的民间故事中根本无法见到的，是新时代的象征。另外故事中从现代追忆到过去，不仅讲述了故事的基本内容，交代了事件发展的前因，也体现了时代的变迁。

具有新时代元素的民间故事还有于玲创作的《六块老京砖》。故事讲述了住在干窑镇的老常家，家里中厅铺着六块十分珍贵的京砖。老常一直希望宝贝闺女可以走出这片土地，到城市去寻求更好的发展。一天，上大四的女儿常丽打了一辆滴滴车回家，司机相貌英俊，闲聊时发现两个人竟然是初高中同校的校友，相谈甚欢之后留下了联系方式，自此之后便会偶尔闲聊几句。一来二去，在司机郝东的追求下，两人很快坠入了爱河。但老常不同意，因为一来想让女儿今后去城市发展，二来郝东开滴滴只是副业，主业是在家里开办一家京砖加工厂，厂子效益一般，未来发展尚不明朗。不过郝东并没有放弃，想要用真诚来打动老常。这天郝东送常丽去学校参加答辩，回来发现常丽落下了包，赶快把包送回常丽家中。但没想到，进入常家后却发现中厅的六块京砖被盗，老常也昏倒在地上，他立马送老常去了医院。常丽十分伤心，一边担心父亲的安危，一边又不知道该怎么向父亲交代这六块京砖。郝东看在眼里、急在心上，心中默默想出了一个主意。从那天开始，他不断摸索、彻夜钻研，终于在半个月之后烧出了几乎一模一样的京砖，重新铺在常丽家中，老常也很快康复回到家中。郝东也因为这件事使制作京砖的技艺得以大幅提升，在一次展销会上产品获得好评，订单量暴增，利润翻了好几番。有一天他来到常丽家却发现丢失了的六块京砖完好无损地立在墙根，这才知道原来这些都是老常的计谋，意在考验郝东的京砖技艺。两年后郝东在"丽东京砖工艺厂"推出了自己复原的古京砖，并在当年的建材展销会上备受瞩目，接到了数百万元的大单。老常心里十分欣慰，他也知道，京砖应该走出老宅，去到更远的地方。

这则新故事从现代的视角以古老的京砖作背景讲述了老常一家的故事，向大家传达了现代社会的时代特征：人们自由婚配，勇于追求自己想要的生活，敢于挑战一切困难，凭借着现代社会的智慧，奔向美好生活。

目前，越来越多反映干窑人对"真善美"追求的新故事涌现出来。

附

录

干窑传统故事

小瓦的来历

沈刚口述

以前有一户专门烧制青砖的窑户，雇用了一位工匠。暮色四合，暴雨骤降，但窑场上的谷皮垛还没能收盖，工匠坐立难安。雨一停，他便上前查看，却发现谷皮没有被全部淋湿，仅仅上层谷皮被打湿，下层依旧很干燥。这一现象让工匠又欣喜又疑惑：为什么下层没有被淋湿？于是他找来一些谷皮做试验，发现谷皮原先包裹着米粒所以紧紧闭合着，经石臼一舂，便会自然对半打开。当米粒与谷皮分离后，谷皮分为两瓣，如果把它们堆在一起，这些谷皮便很自然地上半瓣对着下半瓣。得益于这种自成一体的结构，即使再多的水泼上去，也没有办法打湿下层的谷皮，水顺着谷皮下半瓣的凹陷处就淌到地上了。

这位聪明的工匠便据此发明了"小瓦"。窑户凭借售卖小瓦，摇身一变成了大老板。他从未忘记使自己过上好日子的工匠，希望将自己的半数财产赠予他，但是被其婉拒。

小瓦节省了很多建房所需的椽子，为老百姓带来了福音。几年之后，工匠在此基础上又发明了一种筒瓦，用以建造亭台楼阁等。

图 13　沈刚讲述
窑文化故事（金
身强摄）。

寿字瓦当

许金海口述

传说有一年正值浙江巡抚寿辰，邀请各知府、知县去吃酒。这让刚刚上任的嘉善知县犯了难，若是不准备寿礼，未免有些失礼，然而他为官清廉，囊中羞涩。回家后与夫人商议，夫人提议按照嘉善传统习俗，准备八蒸寿桃、八斤寿面再配上自家酿造的八罐寿酒。知县自觉不妥："巡抚的寿礼怎可和平民百姓的寿礼相提并论！"夫人说："干窑乡下有一位友人在烧窑，出自他手的寿字瓦当像一件艺术品，既可以摆在大厅，可以挂在屋檐。你不妨精心挑选八张寿字瓦当，用红绫布包裹起来，给抚台大人当寿礼，我相信抚台大人会很高兴的。"

第二天，知县出发前去干窑，临走前夫人再三叮嘱，"人情归人情，生意归生意，一定要把八张瓦当的钱跟友人清算清楚"。知县选了八张形状不一、各具特点的寿字瓦当，瓦当上的寿字风格各异。知县心想，这泥巴烧的瓦当居然和艺术品相差无几。朋友执意不肯收下知县的钱，知县只好实话实说："这是夫人的嘱咐，我不能失信于她。"朋友只得随意收了几个铜板。知县说："必须要按市价收，还得写一张收据。"友人知晓知县素来廉洁，只好照做。

寿辰当日，巡抚看到知县寿礼，心生不悦。他本想把知县赶走，但又觉得不够解气，想当着众多官员的面嘲讽他一顿，再将他赶走。知县被带到大堂上，只见堂上堆满了送来的寿礼。巡抚面若冰霜，让知县把寿礼摊开，官员们看到后都窃窃私语。当知县将八件不同形状的寿字瓦当一一展开时，巡抚甚是惊讶。知县说："大人，这是特意委托嘉善干窑的窑户给您准备的寿礼，名为'寿字瓦当'。它既可以放在屋顶上，代表大人如南山之寿、不骞不崩；也可以摆放在大厅里，代表一家人仙福永享、寿与天齐。"巡抚大喜过望，接过瓦当仔细观察，看这瓦当光滑精致，充满祥瑞之意，简直就是艺术品。巡抚怒火顿时烟消云散，当着所有官员的面脱口而出："这件寿礼甚好！"

后来，"寿字瓦当"便成了给上司祝寿时必不可少的一件贺礼，销量水涨船高。

图 14 "寿字瓦当"（董纪法藏、杭斌军摄）。

莲花瓦当

沈刚口述

　　有一年，一位在外当差的干窑人不顾上司阻挠，查办了一起当地官员贪污的水利案件，惹恼了上司。为此，上司凭空捏造罪名，使其被皇上革职。回乡后，他在家中种植了许多莲花。每逢莲花盛开，他便来到池塘边边欣赏边作莲花图。

　　莲花香气清新而优雅，自古就受到文人墨客的喜爱，视其有"出淤泥而不染，濯清涟而不妖"的高尚品格。这位被革职的干窑人，也时常在池畔诵读有关莲花的佳句，有时读《群芳谱》的"亭亭物华，出于淤泥而不染，花中之君子也"，有时读周敦颐《爱莲说》的"菊，花之隐逸者也；牡丹，花之富贵者也；莲，花之君子者也"，有时还读《本草纲目》的"夫莲生卑污，而洁白自若"。

　　他的莲花画得越来越好，名声也越来越响亮，许多人慕名而来。附近有一位窑匠，见他画的莲花图好看，便去求一张来做瓦当图案。他问窑匠为何要制作莲花瓦当，窑匠说："莲花代表着廉洁，是花之君子，深受文人墨客的喜爱。"听后他便高兴地答应，画了一幅莲花图赠予瓦匠，并说："莲花的绽放是丰收的预兆，是夏季美景，在民间也有莲的谐音取意，如'莲（连）生贵子''一品清莲（廉）'等。"

　　从此，干窑便有了"莲花瓦当"。

蜘蛛瓦当

沈步云口述

干窑有一种瓦当，表面绘有一只趴在网上想奋力逃脱的蜘蛛，被称作"蜘蛛瓦当"。

很久以前，因窑主与知县勾结，残酷剥削窑工。窑工发动了一场轰轰烈烈的罢工运动，结果却十分惨烈，为首的几个窑工被扣上"聚众谋反"的罪名，抓进大牢，生生折磨致死。其他窑工去嘉兴府台申冤，但因窑主和知县早已向知府行贿，知府非但不受理，反而将他们也关进大牢。

有位叫阿土的窑工，知晓事情无法从知县和窑主处得到解决，只能自己另想办法申冤。于是，他在瓦当模子上刻了一只蜘蛛和一张蛛网，将官府和窑主喻为蜘蛛，寓意无论他们再怎么无法无天，都逃不过律法这张大网的惩治。他还暗地里搜集窑主和官府罪行的证据，静候时机。

一日，钦差大人的官船经过干窑。阿土见机会来临，想将瓦当带至船边交给大人，却遭到随从阻拦，阿土与其争吵起来。大人询问得知当地窑工要送几张干窑特产瓦当，心生疑惑，便传唤他上船。阿土不卑不亢地说道："瓦当是为知县做的，因为他们与窑主勾结，欺压窑工，还用酷刑折磨死好多同行。瓦当上的图案，意为'法网恢恢，疏而不漏'。不管是谁，只要触犯了律法，就一定要受到法律的惩治。相信您一定会秉公办案、为民申冤！"

钦差听罢便收下瓦当，并派手下督办此案，将证据和调查的罪行奏明朝廷，严惩了窑主和当地官府。窑工们纷纷佩服阿土的智慧，"蜘蛛瓦当"也一时兴起，成了抢手货。

图 15　沈步云讲述窑文化故事（金身强摄）。

千窑变干窑

杨更生口述　杨文学搜集

距离嘉善县城北约 4.5 公里的地方，坐落着一个砖窑林立的水乡小镇，传说小镇之名与此地多窑颇有关系。

很久之前，人们居住在泥糊的草棚里。有一天，龙庄浜附近来了一位老汉，带着一家人踏泥做坯、筑窑烧砖。用这些材料建造的房子胜过泥糊草棚，附近百姓争先恐后找老汉烧泥瓦。之后人们逐渐学会了这门手艺，开始合伙建窑。如此一来，窑墩便由原先的一只增加到十多只，也开始成批售卖砖头。从干窑镇楠木桥东堍起，向东南方向至积德桥、龙庄浜，向西南方向至乌桥及其南北两侧，遍布着数百只窑墩。这一繁荣的砖瓦集散地吸引了诸多经商主顾开设店面，善于经商的烧窑人成为窑户。长此以往，便形成了沿河东西的两条街市，小镇也逐渐繁荣了起来。

小镇没有名字，不易通信。一日，往来的生意人在茶馆商酌货品价格，一位年轻人提议小镇如果有名字可以用书信往来，方便内外交流。这一提议获得诸人支持，大家纷纷为小镇起名，有位本地的老板说："名字得有个'窑'字。"众人附和："没错，这里已有几百只窑墩，将来还会有上千只。"茶馆老板闻言道："不如就叫'千窑'吧。"众人异口同声地说："对，就叫千窑。"

自此，信封上便有了"千窑"的字样。后来有人把"千"

误读为"干"，也有人将千字的一撇写成一横，就这样"千窑"变成了"干窑"，这里也就成了"干窑镇"。

图 16　干窑街景（金身强摄）。

千军万马与千砖万瓦

潘志和口述

以前，大胜寺是干窑附近最大的寺庙，寺中有一位龙长老，此人雄心勃勃。

有一天，他请风水先生来寺看风水。风水先生投其所好道："此地有降龙伏虎之势，可出千军万马，将来必成帝皇之地。"龙长老起身作揖："先生有何高见？"风水先生说："积草屯粮，招募勇士。一旦有变，可出千军万马，大事必成。"此话正合龙长老心意，重金酬谢了风水先生。从此，龙长老广纳英才。几年过去，大胜寺的人越来越多，但总等不来"帝皇之变"。而此时寺庙已无力负荷这么多人，早晚会坐吃山空，龙长老开始为今后的日子犯愁。

一日，龙长老召集头领商量对策，有一位老头领说道："古人云，靠山吃山、靠水吃水，首先要解决吃住问题。"龙长老问："不知您的主意如何？"老头领道："这里虽无高山名川，但有一片高低起伏的土丘。这泥虽不能做碗和缸，但能做砖和瓦。何不让大家一起动手制作呢？我和几个弟兄已做成了样子。"龙长老豁然开朗："既有样子，便快拿出来看看！"大家看到砖瓦纷纷拍手叫好。于是龙长老决定由老头领指点大家，人多力量大，没用多长时间便解决了住房问题。制好的砖瓦成批卖出去，又解决了吃和用的问题。久而久之，当地百姓也纷纷效仿，越来越多的人开始做砖瓦。

几年过去，风水先生又来到干窑，此时龙长老已归天。当年听到他胡诌的和尚责问他为何信口雌黄，风水先生笑笑说："虽没有千军万马，也不能为国效劳，但却有千砖万瓦能为民造福，难道这不是一桩好事吗？"

自此以后，千军万马变成千砖万瓦的传说就这样流传下来，人们感怀于龙长老对窑业发展做出的贡献，于是在干窑镇南面为龙长老盖了一座庙，称为"龙王庙"。

八月廿五庙会

张风亭口述

八月廿五杨王老爷和城隍老爷庙会是干窑窑工的重大民俗节日。杨王老爷庙坐落在干窑镇的西北面，庙中杨王老爷像面孔黢黑，一触碰其背，眼睛就会左右转动。

相传很久以前，有位将军年近古稀准备告老还乡，皇帝念其显赫战功，便封他为王，因他本姓杨，便封为"杨王"。之后，他来到干窑隐居。嘉善一带由于连年大旱，井、河都已枯竭，到了八月廿五，天气仍很炎热。这一天，有人发现杨王屋边那口平时谁也不用的破井，居然没有干涸。百姓们纷纷来到杨王这里要水喝。杨王出门才发现家门口年久失修的井竟然还有用，便亲自为百姓打水，然而杨王发现这口井因年久未用，水的颜色异常，水里有毒，便对百姓说："乡亲们，这水有毒，不能喝，你们还是赶快到别处去找水吧！"然而百姓却不肯离去，以为杨王心眼儿坏，不肯给他们水。有些拿着打水工具的人不顾阻拦，竟冲到井边上想提水喝。紧要关头，杨王快步向前抢过百姓手中的井绳，说："等我跳下去之后，你们看我的脸，如果我的脸仍旧像现在这样白，你们就可以提水来喝。"说罢便纵身跳入井中，人们往井里看，杨王已脸朝上、睁着双眼，一动不动。一会儿，他的脸渐渐变黑，杨王真中毒死了！

后来人们为了纪念杨王便在他原来的宅基地上修筑了杨

王庙，并塑了一尊老爷像。每年八月廿五，干窑一带的百姓就自发举行庙会，以此缅怀这位爱护百姓的老爷。

庙会主要是老爷的出会与坐台。这天，人们用寿带把杨王老爷和城隍老爷迎出来，分别由四位身强力壮的汉子用四人大轿抬出去坐台。轿子后面跟着很多化了装的信徒，下面接七面大锣，走走敲敲。最热闹的活动要数摇快船，比两行船哪个摇得更快。摇快船用的是农家无篷的小木船，船舷两侧各设 5 支木桨，共有 10 人划桨，也有 4 支橹 14 桨的。比赛时，以四五条船为一组，各位选手身着统一的农家服装，分坐在船的两侧。另一路，有一艘大木船一直向南驶去，船上坐着杨王和城隍两位老爷，待船划到长剩桥便抬上岸，再用轿子将老爷抬到新泾港坐第一台，曲泾港出来到姚家浜一坐，再到雪庵（新桥村）、杨林庵、三板桥、庄浜、楠木桥各一坐，最后到义和升下滩。这时已到傍晚，人们就等天亮。第二天城隍老爷由叶家汇进庙，杨王老爷也进庙，人们就在城隍庙前搭台看戏。

庙会这天，许多窑工直接参加杨王老爷和城隍老爷的出会。他们在出会的队伍里尤为醒目，一般以窑师傅为代表，面部用黑灰涂黑，头戴开花旧毡帽，身着百衲衣，脚上拖着蒲鞋，腰缠草绳。草绳上挂着铜钿，窑师傅每到一处就扔出去一个，因为铜钿被认为有辟邪之用，所以又常被一些妇女抢去，挂在小孩身上。

除了杨王老爷和城隍老爷庙会之外，以前的干窑镇一年中还有三次二老爷庙会，分别是农历七月廿五的亭子桥二老爷庙会和农历七月廿五的宋家浜二老爷庙会，分别历时一天；农历七月十五的庙浜二老爷庙会，历时二天。其间都会有各种民间文艺表演，亭子桥的二老爷庙会也有摇快船比赛。

巧除竹篱笆

张春明搜集

　　从前，嘉县有一任县令腐败贪赃，经常借名挪用朝廷拨款。一次他上报朝廷称县城需要加高城墙来抵御外敌。拿到款项后，他为了将钱财据为己有，发公告称用竹头扎成篱笆围在城墙上，百姓敢怒不敢言。一户农夫想到了办法，他经常来城墙下，说："这么好的篱笆正好是烧柴的好东西，都扔到城墙上不是浪费嘛！"另外一些人也装作不知情地拆篱笆，被官兵发现阻拦，农夫就说："为了不影响城墙面貌，我们自愿不要一文钱帮政府拆篱笆，县衙不给工钱就罢了，怎么还要抓人呢？"官兵无言以对，将情况报告县令。贪官无可奈何，怕自己谋私之事暴露，任由百姓拆除了篱笆。

无一帖的故事

潘志和口述　潘培江搜集

以前有一位□中医，做官时候一生清廉，并且熟读医书，之后为乡亲看病，深受乡亲拥戴。

黄三找他治自己的黄、胖、懒和穷病，老中医说："每天早上吃饭的时候把地上的橄榄核捡回家种，等到开花发芽再来找我。"果然黄□照做一两年后，脸色不黄、身体也不胖了，又去找老中医□穷病，但老中医没开药方。从这天起，老中医每次都开三□橄榄叶做药引，病人们就去找黄三买橄榄叶，很快黄三就□穷了。黄三准备给老中医送红包，并给他回扣，被他呵斥□："你要是这样做，我以后就不介绍病人到你这里来了。"□□只得作罢。

老中医没有□一帖药，没收一分钱，治好了黄三的黄、胖、懒和穷病，□□都称他为"无一帖"。

遗臭万年的贪官浦霖

陈晋华搜集

如蛀虫一般的贪官污吏藏匿在各个朝代里，浦霖就是众多蛀虫中的一只，而且还是一只"有名"的蛀虫，他涉及清朝乾隆年间福建贪腐大案。

相传，浦霖原本是一名贫苦秀才，1766年考中进士后任户部主事，官运亨通，最终被任命为福建巡抚。1795年，福建各地遭遇天灾、物价飞涨，百姓叫苦连天，治安混乱、盗贼频出，而地方官员浦霖却没有任何进行救济赈灾的意思。乾隆帝对浦霖进行查办，发现他在职期间行贿受贿三十万两白银、七百两黄金以及各类金银首饰，置办产业花费高达六万多两，满朝文武对此咋舌不已。自此，乾隆帝开始整治贪官污吏，要求各级官员廉洁从政，亏空官银一万两以上的处以死刑，查办了一大批朝廷蛀虫。

浦霖从科举到高官，从清贫到富贵，没有恪守为官、为人的底线，寒了百姓与乾隆帝的心，最终遗臭万年。

窑家姑娘与"踏扁桥"

朱奎明搜集

干窑镇有一座"踏扁桥",以前叫做"北桥"。年代久远的北桥破旧不堪,常过桥的窑工们没钱翻修,只能在上下桥时格外小心。

那年,北桥来了一个身世凄凉却心地善良、聪明伶俐的姑娘,她母亲难产去世,由奶奶抚养长大,14岁起就到窑场干着极其繁重的体力活。姑娘从懂事开始就想着为窑工们消除病痛困扰,每次路过私塾,都会在窗外听老师讲课,日复一日,认识了不少字。20岁时,她将视为珍宝的棉袄换了旧书摊上的一本药书,一有时间就会看书,采集中草药,照着书中方子制作中药丸,为窑工们治病、祛邪。她还学会了很多本领,比如接生,被称为穷人的"女菩萨"。姑娘经过北桥到窑场做工,只要看到窑工和农民有病痛,就会不遗余力地为他们治疗。由于她频繁来往于北桥,窑工们常担心她的安全,更有老年人为她烧香求神。

一个风雨交加的晚上,窑工李四慌忙请姑娘过桥为老婆接生。姑娘立马放下碗筷,拎起接生包就顶着风雨上路了。暴雨把北桥裂缝冲得越来越宽,有的桥石都移了位。为了救两条生命,姑娘依旧顺着石阶上了北桥,刚到桥顶,桥顶突然下陷,李四大喊救命,窑工们闻讯赶来帮忙。正当大家不知所措之时,两根石柱榫头从桥头两端挤出,正巧接住桥面,圆洞桥变成了平顶桥，下陷停止了。姑娘在平顶桥上报平安，并招呼李四过桥。人们纷纷议论这桩奇事，有人认为是菩萨救了姑娘的命，要把北桥改名为"救命桥"，另一位老窑工说："姑娘为了治我们这些穷窑工，起早贪黑，是最辛苦的女菩萨，天助人愿，是女菩萨踏平了圆洞桥，我看，叫'踏扁桥'更好！"

从此，北桥得名"踏扁桥"。时至今日，"踏扁桥"经过多次修缮，桥顶两旁"踏扁桥"三个字仍依稀可见。

图 17　干窑"踏扁桥"（金身强摄）。

小窑港两座桥

潘培一搜集

干窑镇地处鱼米之乡的杭嘉湖平原，其东北处有一条小窑港。相传清朝初期，小窑港两岸是十分热闹的集市，名为"小窑街"，街上有"任家大木桥""斗气桥"两座桥，关于桥的由来有一段有趣的传说。

小窑港商人任富发挥天时地利人和的优势，将肉铺生意做得风生水起，没过多久就成了大财主，钱财就像小窑港的流水一样，源源不断。当时小窑港两岸桥梁比较少，交通极其不便，任家肉铺为了显示阔气，精心盘算一番，忍痛花费上千两银子在自家门前造了一座木桥，起名为"任家大木桥"。任家的东面，有一位姓丁名聪的大地主，祖辈是当地富户，家中有上千亩良田。对于如今冒出个新财主，丁家很不服气，认为"一家小小的肉铺算得了什么，造一座小小的木桥，便自以为了不起，还称什么'任家大木桥'，真是岂有此理！"二话没说，就在自己家后门用石块造了一座大石桥，取名为"斗气桥"。

自此，关于小窑港这两座桥由来的故事就一直流传着。

干窑镇醉翁桥

吴建昌搜集

　　在干窑镇北弄街的北面，原有一座世世代代为乡亲们服务的石桥"醉翁桥"。直到 1980 年，由于干窑镇的建设发展，醉翁桥变为一座水泥桥，但人们至今仍习惯将北弄街的沿河地段称为"醉翁桥头"。

　　相传南宋时期，南北两岸的百姓想要过河只能靠一条小船。作为南北交通的要道，每天来往的行人也非常多，光靠一条小船摆渡，既不方便也不安全。人们常在渡口问津亭饮酒畅聊，观赏风景。一天，风和日丽，渡口热闹非凡，临近中午，一位老汉来问津亭独酌，开心地喝完了一壶酒后，老汉迷迷糊糊，只觉得头重脚轻。过了一会，摆渡的船过来了，老汉摇摇晃晃上了船，船刚离岸，老汉就一头栽进了河里，同船人急忙将老汉救起。老汉醒来后，非常感激乡亲们的救命之恩。他想，要是有座桥的话，乡亲们的出行将既便利又安全。但造桥需要钱，于是，老汉在附近村庄募集修桥资金，乡亲们被老汉的精神感动，纷纷捐钱，不多久，老汉就凑齐了造桥的钱。

　　开工造桥这天，附近乡亲都来围观，几个老汉提出要为这座桥命名。有人认为醉酒老汉提议造桥，并且四处募集钱财，大家应当感谢他，建议取名为"醉翁桥"，在场的乡亲们表示赞同，于是，"醉翁桥"三个字被雕刻在桥板上。

楠木桥的故事

朱奎明搜集

干窑镇南端有一座非常别致的楠木桥，关于它流传着一则有趣的故事。

清朝乾隆皇帝游历江南时，到了嘉兴府鸳鸯湖（南湖）小憩。当他得知干窑镇是出过"龙凤砖"的砖瓦之乡，八月廿五有个大庙会后，便简装便服，只带两名亲随，兴致勃勃地赶往干窑镇去领略当地风俗。干窑镇庙会热闹非凡，庙场上龙灯穿梭，熙来攘往，过惯了金銮殿生活的乾隆置身在人流之中，顿时觉得自在得意、乐而忘返。一直到掌灯时分，他才想到找个休息的地方，就向干窑镇的巡检馆而去。乾隆经过楠木桥，桥面"咯咯"作响，把乾隆吓得大气不敢出、小气不敢透，浑身起鸡皮疙瘩。

当时干窑镇的巡检姓桑，遇事见风使舵，见钱眼开。他见到一人身穿青绸长衫，器宇不凡，连忙笑迎。乾隆谎称是京城客商来到杭州购物，顺便观赏庙会风俗。桑巡检笑得合不拢嘴，心想这等过路财神，"油水"一定不少。于是为客人接风洗尘，酒至半酣，乾隆望着窗外，想起木桥"咯咯"声，指着窗外问道："此桥何名？"桑巡检说："俗称楠木桥。"乾隆又问："为何不修缮？"桑巡检诉说无力修桥的苦楚，希望得到客商捐助。乾隆即席草书一封，吩咐必须等自己离开干窑镇后才能开封。桑巡检以为是礼单，既然"竹杠"敲定，日后再取也无妨。

等送走乾隆，桑巡检急忙命绍兴师爷拆开字据，只见上面写着：

钦赐

干窑重建楠木桥一座之材

大清国　　高宗书

绍兴师爷嘴唇发抖，心想："天呐，这是皇帝的手谕啊！"桑巡检刁奸势利，绍兴师爷曾多次上当。师爷心想巡检识字不多，决定戏弄他一番，出出怨气。于是师爷一本正经地读成了"金欠贝易"，说客商吩咐，欠干窑镇的礼金用价值千金的楠木换。桑巡检以为是大财神，急问客商大名。绍兴师爷眼珠一转，把字据往他手里一塞，说："姓高，名宗书，当朝大善人也！"桑巡检随即把字条往袖子里塞，独自哼哼哈哈地回家去了。

后来，一船粗楠木运到干窑镇。桑巡检把楠木全堆在自家后院，说这样便于保管。而他只拿出两根最细的楠木用作修缮，大量楠木被变卖，银两落入其腰包。绍兴师爷知道桑巡检惹了大祸，想趁早离开是非之地，于是他带着家眷连夜跑路了。嘉兴知府知道乾隆帝赠送楠木后，随即派公差传命桑巡检立刻交皇上圣旨给知府保存。桑巡检认为知府弄错了，与公差简单攀谈几句，辨出形势不对，发现公差描述的皇上的相貌和客商一模一样！他害怕得直冒冷汗。但公差仍恭维说："足下洪福匪浅，亲见圣驾，又蒙圣上亲书赠木造桥之旨，本府老爷风闻称赞不已，足下实为下三府平添荣耀啊！"

桑巡检坐立难安，这是掉脑袋的大罪啊！他只能强打起精神，说："此话您是从何说起啊，鄙人哪有眼福能见着当今皇上。那只是一位名叫高宗书的过路客商写给鄙人的一张'金欠贝易'的字条而已，哪来的圣旨啊！"公差碍于主宾关系，不便发作，便软中有硬地发话说："足下此言差矣，当今皇上讳号大清高宗皇帝，所谓的'金欠贝易'实为'钦赐'两字。足下瞒着本府老爷，私藏圣旨，是何道理呢？"桑巡检顿时犹如五雷轰顶，说："这……这该如何是好……"公差见他面无人色、颤颤巍巍，便拿出知府文令，立催圣旨。桑巡检只能狼狈得像酒醉一样，跟跄地回家去取皇上手谕。

桑巡检回到家后，全家翻箱倒柜，就连媳妇的梳妆盒都翻了个底儿朝天，也没找到手谕的踪迹。桑巡检顿悟了绍兴

图 18　干窑楠木桥（金身强摄）。

师爷不辞而别的真正原因。圣旨不知去向，再查问楠木之事，会惹来杀身之祸啊！桑巡检顿时浑身抽搐，口角歪斜，重重地跌倒在地上。全家人见状不妙，慌忙抢救，但为时已晚，桑巡检已是口鼻流血、两眼发白。桑巡检家人知道他违背皇命、危在旦夕，为保全家人的性命，只能草草了结后事，连夜卷家资潜逃他乡。

随着时代的变迁，楠木桥虽然已改建为石桥，但修缮桥梁时用的两根楠木，依然不蛀不烂。后来，人们仍习惯把改建后的石桥称为"楠木桥"。

乌桥和关帝庙

潘大宝口述　尤鸿良搜集

相传，在干窑镇粮管所的粮食仓库一带住着一个妖怪，来无影、去无踪，每天都会到村里面吃人，村里的人越来越少，大片土地无人耕耘，乡亲们对妖怪恨之入骨。

有一次，乡亲们联合捉妖怪，但都败下阵来。无奈之下，乡亲们决定去请关公下凡除害，有个叫张生的青年自告奋勇。他长途跋涉，从梯子登天，碰巧关公巡天，张生连忙跪下对关公说："关老爷，快救救我们的村庄吧！村子里的人都快被妖怪吃光了。"素来疾恶如仇的关公把眼一瞪，对张生说："竟然有这样的事？岂有此理，待我前去捉拿。你先回去，我马上就来。"关公捋了一下胡须，吩咐部将周仓说："抬刀备马！"

这一天，妖怪又准备吃人，刚走进村口，就看见一人从天而降，胯下骑着赤兔马。见是关公，妖怪慌了神，说："关公，我本与你无冤无仇，你为什么要和我作对，取我性命？"关公说道："哼！你胆大包天，竟然做如此伤天害理之事，我今天就是来捉你的。"妖怪看情势不妙，龇着牙，抄拳头就朝关公的头顶抢去。关公不慌不忙舞着青龙偃月刀，妖怪正想溜走时，关公的刀舞得越来越快，妖怪现了原形。众人惊呼："原来这个妖怪是只乌龟精啊！"关公见两岸行人摆渡十分麻烦，将乌龟精变成了一座石桥，行人在它身上来往，永世不

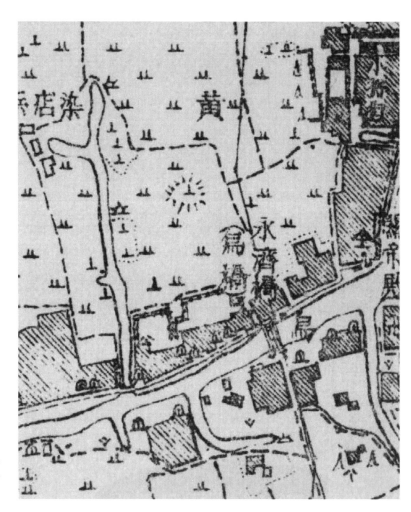

图 19　1936 年
干窑乌桥图（金
身强提供）。

得翻身。

从此，这座桥被称为"乌桥"。后人为了纪念关公为民除害，纷纷捐钱，在乌桥附近建了关帝庙。关帝庙虽在"文革"时被拆除，但关于此庙的传说，一直在民间广为流传。

三仙斗的传说

李宝生口述　吴建昌搜集

　　干窑镇东面一里左右，有个名叫"三仙斗"的村坊。很早以前，这里田地瘠薄，人烟稀少，且田里乱石特别多，被称为"乱石田"。乱石田有一条水河，水河南面只住着一对老夫妻及其独子，儿子名叫李耕，他们一家三口靠种地度日。忠厚老实的老夫妻俩一直指望儿子能早日成亲，好接替劳力，改善生活。可是，由于他们家实在太过贫寒，年近三十的李耕仍未能娶亲，夫妻俩寝食难安。

　　说来也巧，夫妻俩的这块心病被正好路过此地的神仙知道了。第二天，吕洞宾、铁拐李、何仙姑来到李家破旧的茅屋前，敲开柴门，老夫妻见三个陌生人给他们行礼便赶忙还礼。三位神仙说："听说你们身居乱石田终日贫寒，无力替自己的儿子娶妻。我们东去渡海正好路过这里，特决定来助一臂之力。"吕洞宾说："让你们的儿子拿着我的斗到西面柳溪村的钱家求亲，定能成功。"铁拐李笑嘻嘻地接着讲："你们再用我这斗去买砖瓦木材，就可以造屋建房，为儿子顺利娶亲。"何仙姑也递上小斗说："最后，用我这斗来盛放谷种再种到田里，保准能够乱石全除，田地丰收。"三位神仙说完后，起身告辞，飘然而去。老夫妻正准备答谢，眼看三位神仙离去，连忙叩头拜谢，但是回头一看，三只小斗居然全是空的，又有些将信将疑。

老两口急忙将儿子从田地里叫回，将刚才发生的一切告诉儿子。李耕听完决定按神仙们说的做，夫妻俩赶忙给儿子穿戴，准备求亲。李耕来到柳溪村钱家大宅，心生胆怯，这时手里的小斗已盛满金子，他壮着胆子捧金斗求亲。不一会儿，李耕欢喜地一路小跑回家，向父母讲述求亲之事，老两口高兴得合不拢嘴。李老头连忙拿着铁拐李的小斗，置办砖瓦木材，盖房迎娶。李家终于把儿媳迎进了三进深的大瓦房里。夏种秋收，田地里乱石全无，穰穰满家。

由此三位神仙济贫救苦的佳话被传开了，大家认为这是一个吉祥、受庇佑之地，陆续迁来，人烟稠密起来，田里年年有好收成。后来，乡亲们将乱石田改为"三仙斗"，这个传说一直流传至今。

干窑新时代故事

会跳舞的瓦当

邓解华

　　干窑镇历史悠久，人文底蕴深厚，古时候烧窑业兴盛，瓦当（是指古代中国建筑中覆盖建筑檐头筒瓦前端的遮挡，上面刻有文字和图案等）文化灿烂，几乎家家户户都会烧砖，因为窑多，号称千窑。民间传说，乾隆皇帝下江南时，误将"千窑"写成"干窑"，镇名由此而来。

　　这两天干窑镇的沈非吃饭不香，睡觉不甜，心里乱糟糟的像蚂蚁爬上了热灶头。为啥事烦心呢？因为他和老爸沈阿根在一些观念上发生了碰撞。

　　沈非的老爸沈阿根，是干窑镇上有名的"瓦当王"，据说他烧的瓦当，棱角分明，图案逼真，栩栩如生。当年，沈阿根在窑厂干活时，前来订购瓦当的船队，在钱家码头足足排出好几里路，有时要等上半个月才能有货。因瓦当供不应求，窑厂日夜不停，加班加点。一天晚上负责烧火的钱福生睡着了，不慎引发了火灾。等沈阿根发现时，大火已烧到了窑门外，他一边大声呼救，一边提水灭火……足足过了半个小时，窑厂的大火才被扑灭。救完火回到家，沈阿根发现自己的嗓子哑了，再也发不出声音了，从此他便成了"哑巴"。火灾事件已过去了三十多年，沈阿根的儿子沈非也已长成了小伙子。如今，镇上的年轻人都外出打工，沈非也想和大家一起去闯，可他又不放心老爸。老爸不能说话，要是遇上什么事可怎办呢？沈非的心事被隔壁的老旺叔知道了，他自告奋勇地对沈非说："小非，你安心出去打工，你爸有我照顾着。你要是想念你爸，就给他买部手机，抽空和他通通话，虽然他嗓子哑了，但耳朵可灵着呢。"老旺叔是个热心人，他主动提出照顾老爸，沈非也就放心了。沈非给老爸买了一部手机，还给他下载了微信，教会了他怎么使用。沈非到江南鹿城找工作，因为小时候经常看老爸在瓦当上画燕子、蜘蛛等各种图案，潜移默化中他学到了不少绘画技巧。凭借着这些绘画技巧，他被一家知名的广告公司录用了。沈非白天上班，晚上给老爸打电话。老爸虽然不能言语，但沈非能感觉到，老爸听得很仔细，有时他听着听着，还会发出沙哑的笑声。有一天，沈非的微信上忽然跳出一个图案，他惊喜地发现是老爸发来的一幅"喜上眉梢"的瓦当照片。

几个月后，沈非发现老爸的瓦当越画越好，"喜上眉梢"瓦当、"蜘蛛"瓦当、"人面"瓦当，一幅幅形象生动的瓦当画背后都有其寓意。据说"喜上眉梢"瓦当的典故和知县巧断公鸡案有关。一位聪明的知县巧断了一起公鸡案，鸡的主人为了感谢知县大人，做了一对"喜上眉梢"瓦当。"蜘蛛"瓦当和窑工有关，一名窑工机智巧妙地揭露了窑主的罪行，将其绳之以法，寓意"法网恢恢，疏而不漏"。"人面"瓦当和不孝子有关，控诉了一位不孝子……

沈非知道，老爸虽然不能说话，但这一幅幅生动的瓦当就是老爸的殷殷嘱托。有一天，老爸突然在微信上给沈非发来了一组瓦当画，他仔细看了看，有香炉、铜钱、粽子……

这是要祭奠哪位亡灵？沈非突然想到那天是端午节，莫非老爸是为了祭奠屈原？沈非想来想去也没想明白老爸这幅瓦当画的真正寓意。

端午节当天，老板钱正请大家吃晚饭。饭桌上，钱正提起了端午节和窑工之间的渊源这一话题。他说："我们公司大部分员工都来自窑乡，都属于窑工子弟。"

在以前，窑工一年中发工资的日子只有三个，一是端午节，二是中秋节，三是春节，沈非才恍然大悟，老爸今天给自己发这幅瓦当画，是要提醒他不要忘了自己是窑工子弟。饭后，沈非打开手机看新闻，看到嘉善县将花大力气改造城市环境，建设美丽乡村……他越看越激动，脑中突然跳出个念头，把老爸的那些瓦当画发到网上，也可以为家乡做一些宣传。果然，照片发出没多久，网上就热闹开了，大家都说老爸的瓦当做工精致，不是普通的瓦当，而是艺术品，有人甚至想批量订购。没想到，一夜之间老爸就变成了网红，沈非觉得赚钱的机会来了，乐得像中了五百万大奖。第二天沈非就买了一张火车票回家，还给老爸买了好酒好烟，一到家就拉着老爸说他的梦想，把自己的网红赚钱计划告诉老爸，憧憬着马上就要成为千万富翁了。谁知，当老爸听了他的"致富计划"后，竟气得直拍桌子，让他立即回公司去上班。世上哪有这样的死脑筋？沈非不死心，仍想要试着说服老爸，结果老爸"嘭"的一下关上了房门，再也不理他了。不一会，沈非的手机上跳出几幅瓦当图案，一幅是好吃懒做的肥猪瓦当，一幅是勤勤恳恳的蚂蚁瓦当，还有一幅是不贪富贵的荷花瓦当。这下，沈非明白了老爸那牛脾气，是坚决不会同意做网红的，自己即使绝食相逼也没戏。老旺叔闻听此事赶紧过来相劝："小非呀，你又犯什么浑？你爸这辈子一直勤勤恳恳，靠双手吃饭，你让他赚昧良心的钱，比要他命还难！"被老旺叔这么一劝，沈非顿觉脸上火辣辣的，怪自己太冲动，不该想入非非，回来惹老爸生气。沈非回到广告公司不久，老旺叔突然来电话说："小非，快回来，你爸不见了！"什么！老爸失踪了？沈非像被雷击了，半天没回过神来。等他匆匆忙忙赶回家里，老旺叔才说出了真情。沈阿根没有失踪，而是被沈非的老板钱正接走了。原来钱正就是钱福生的儿子，那年窑厂失火后，钱福生便带着妻儿离开了干窑。没过几年，他就郁郁而终。钱福生过世时，钱正才十多岁，他和老妈相依为命，吃了不少苦。俗话说"穷人家的孩子早当家"，钱正是个懂事的孩子，高中毕业去广告公司打工。几年后他成立了自己的公司，凭着吃苦耐劳的精神、诚实守信的经营理念，生意越做越好。十多年做下来，如今已是鹿城广告业内的重量级人物了。钱正富起来后，不忘祖训，只要是窑工子弟来公司应聘，他都会优先录用。沈阿根画的瓦当，钱正挺感兴趣的，昨晚硬将沈阿根接走了，说要和他合作开发文创产品。老旺叔说到这里，拉着沈非说："那天我不同意你的想法，是因为你没有钱，想得再好也只是纸上谈兵，现在有钱正作后盾，你们的合作肯定会成功的。"不料，沈非却一改常态说："老旺叔，你不要说了，我现在已经想通了。我爸说得对，钱要靠自己勤勤恳恳赚，天上掉下来的馅饼会砸痛头的。我马上去把老爸找回来……"刚说到这儿，沈非抬头看见老爸和钱正一前一后走了进来，钱正走到沈非跟前，拍拍他的肩说："你老爸真是个死脑筋，我说破嘴皮他都不动心。没办法，只好我退步，我投资，在镇上建一个文创公司，开发窑文化……公司名称我都想好了，就叫'会跳舞的瓦当'。以后公司的发展就靠你们父子俩了。"听了半天，沈非终于转过弯来了，他气呼呼地说："老旺叔，你们又在考验我！"

钱氏船坞的传说

姚海松[1]

钱氏船坞是清道光年间（1821~1850）由嘉善首富钱仲樵所建。在封建时代，一般的财主有了钱后，要么买田置地，要么娶妻纳妾，而钱仲樵没有这样做，他不是搞船运跑码头的，却花大价钱建造了一个船坞。

那年，钱仲樵把建房材料筹备齐全后，请来了当地最有名的泥师（泥瓦匠）、木匠开始建造钱氏宅院。当时，泥师、木匠造房建宅全凭手工，就如木匠鼻祖鲁班那样。泥师、木匠砌墙的砌墙，锯木的锯木，干得那叫一个欢。就这样，经过这些泥师、木匠近两年的辛苦劳作，一座钱氏大宅院基本完工。正厅地面正中间还没铺上地砖，这块地面等主人钱仲樵定夺。当时的干窑镇是地地道道的"千窑之乡"，要个半米宽方正的地砖，随便去哪家砖窑都能买到，可钱仲樵想要的是五六尺见方的地砖。因为他看过祖先留下来的记录，祖上曾经烧制过大规格的京砖，这个规格的京砖，目前还没有哪家能烧得出来！

钱仲樵一直想着这事，有天晚上做了一个梦，梦见自己走在老宅基地的前面，突然，宅基地中间熠熠放光，像是地

---

1 中国民间文艺家协会会员，桐乡市民间文艺家协会理事。创作发表各类故事作品近10万字，曾获得国家、省、地（市）级故事征文比赛奖多项。

下埋藏着什么。钱仲樵急忙走近细看，却突然惊醒了。醒来后这个梦仍历历在目，让他心里起疑，决定天亮后去老宅基地看看。

天亮后，钱仲樵急忙来到老宅，宅基地中间没有任何异样。他命人挖开地基，自己在一旁死死盯着。突然，铁锹掘进地里时发出"当"的一声响，像是碰到了底下的什么硬物。

钱仲樵急忙叫停，由自己亲手一点点用铁锹挖开，最后看到了一块青灰色的地砖。

大家齐心合力，把这块大地砖挖掘了出来，只见这块地砖五尺见方，厚度有六寸，重量有上千斤，上面还雕刻着精美的花纹。当大家七手八脚地把这大方砖翻过来，只见朝着地下的砖面上刻着一段令钱仲樵惊心动魄的文字。

原来，钱仲樵的祖先（以下称"钱氏先祖"）拥有一座规

图 20　干窑钱氏船坞（金身强摄）。

088

图 21 让巷钱氏大宅院（金身强摄）。

模很大的砖窑，他家的砖窑专门烧制特大号的方砖，天下知名。那年，钱氏先祖得到官府下达的命令：让钱家砖窑专门烧制五尺见方的地砖一块，待烧制成功，由钱氏先祖亲自护送到京城。

同命令前来的还有一张地砖的雕刻图样，上面画着九条蟠龙。

得令后，从选泥、和泥、制坯到烧制，都是钱氏先祖一手操持。可是五尺见方的砖实在太大了，每个环节都是考验。第一炉地砖烧出来，颜色青黄不均。总结了第一炉砖的经验教训后，开始烧制第二炉，苦熬了二十多天，所有人都沮丧至极，第二炉的砖都裂璺了……总之，前前后后花了两个多月时间，第三炉才成功生产出来这种特大号的方砖。钱氏先祖又请来了当地最有名的砖雕师，按照图样在这块大方砖上雕刻了一幅"九龙图"，上面的蟠龙张牙舞爪、腾云驾雾，声势骇人。钱氏先祖对照图样，仔仔细细核对了几遍，确定没有丝毫差错，才放心了。于是，钱氏先祖雇用一艘大船，装上这块大方砖，沿着京杭大运河向京城出发。

从干窑镇出发到京城，花了很长时间，钱氏先祖才把这块大方砖送到了京城，在一个规模宏大的船坞上办理了交接手续。辛苦终于有了回报，钱氏先祖很开心。他一下就看中了这个船坞，想着自己家拥有十几条船，却没有一个像样的船坞。他就留心搜集这个船坞的具体尺寸，准备回家也修一个这样的。

万万没想到，钱氏先祖刚刚驾船离开河岸，突然，一队官兵冲了过来，指着刚刚离岸的钱氏先祖和船夫大呼小叫。钱氏先祖哪见过这场面，吓得赶紧回到岸边。等他一登岸，立马被官兵们用绳索捆绑了。

当天，钱氏先祖被带到一个秘密的地下室，一个官人对他严刑拷打，逼问他烧制五尺见方的蟠龙砖是受了谁的指使。

原来，那五尺见方的蟠龙砖压根不是乾隆爷皇宫要的，是权臣和珅大人要修建府邸，想要在大厅正中间铺一块这个规格的京砖！可是这有违祖制，五尺见方的蟠龙砖只有皇宫才能用，不要说他和珅，就算是亲王贝勒，也不敢违例！

钱氏先祖每天被各种刑具拷打，却咬着牙不肯屈打成招。他心里有数，这要是招认了，那可是灭九族的重罪，自己还不得判凌迟处死啊！

苦苦熬了几十天，钱氏先祖已经被折磨得不成人形，这一天，有人把已经奄奄一息的他拖出了牢房，坐上马车一路狂奔，把他扔进了一条小船。船立即开动，钱氏先祖稀里糊涂地，昏了过去。等他醒过来时天已经亮了，周边是茫茫大运河，自己正在返回家乡的水路上。莫名其妙逃过一劫，钱氏先祖不由得跪在船舱里感谢老天爷。

回家以后，钱氏先祖才知道自己为啥被放回来，原来家人得知钱氏先祖被抓了，就辗转托在京城当大官的同乡浦霖帮忙营救。浦霖帮着上下打点，钱家的家业都用于打通各种关系了，事情才有了转机。对于这场飞来横祸，钱氏先祖对谁都没说，回家第一件事就是关闭了砖窑。

很快，嘉兴官府接到皇帝旨令：干窑钱家砖窑世代不得烧制砖瓦，否则就要追究钱家违制之罪。钱氏先祖领了命，不由得感叹自己有先见之明。

半年多以后，钱氏先祖慢慢可以下地走动了，可一家老小的生计成了问题。干窑镇最有名的就是窑业，钱家却再也不能从事这个行业，经过那场官司，钱家只剩下几艘又小又破的船只。钱氏先祖靠着一些老朋友和亲戚的帮忙，求借典当，开始经营船运业务。

靠着运送货物，钱家的家业一点点恢复起来，手头稍稍宽裕了，想起在京城时看到过的大船坞，于是移建了船坞。只可惜经济条件不允许，只能建一个侧形的船坞。

两年后，乾隆皇帝驾崩，嘉庆皇帝登基，和珅被查抄治罪，钱氏先祖才终于知道了这件事的来龙去脉。

原来，当时命令钱氏先祖烧制五尺见方蟠龙砖的的确是和珅这个大奸臣，他常年出入皇宫，早就眼馋皇帝宫殿里的大方砖，他仗着皇帝的宠信，也不害怕被人弹劾，就假冒皇命，订购蟠龙砖。可这事被太子党派的朝臣得知，当时太子最惧和珅，早就想找机会收拾这个奸贼，好不容易有了把柄，于是秘密抓捕了钱氏先祖，想逼迫他招认跟和珅串通好了，想要反叛朝廷。没想到钱氏先祖一个小小窑场主，居然还很硬气，拷打了他两个月，也没拿到口供，这事由浦霖转达给和珅。和珅拿太子也没办法，只能跑到皇帝那里一把鼻涕一把泪地哭诉冤屈，只说是图蟠龙砖尊贵好看，虚荣心而已，自己又不是带兵打仗的将军，手头没有一兵一卒，也从不结交外头的武将，怎么会有反心？分明是太子看自己不顺眼，成心陷害。皇帝是真疼爱和珅啊，素来也知道太子看不上和珅，立刻就相信了自己的宠臣是被冤枉的，马上叫来皇太子狠狠地训斥了一番。太子只得请罪。皇帝又命令太子不得再难为那些小民，知道了绝不轻饶。太子只得把关着的人放了，和珅也不好真和太子对着干，这事也就大事化小，最后不了了之。只可惜钱氏先祖倒了大霉，无辜被卷入宫廷争斗中，不仅倾家荡产，还差点送了命。

这件事虽水落石出，但钱氏先祖遭遇这一场大难，心灰意冷，生了重病。他自知时日不多，偷偷来到老窑，在乱砖碎石中扒出了一块五尺见方的蟠龙砖。原来，当时烧砖时，担心出次品和废砖，烧了一模一样的两块砖，送到京城一块，剩下的这块砖就留在了钱家。钱氏先祖抚摸着蟠龙砖，一字一字把这段经历雕刻在了那块巨砖之上，埋到了宅基地里。

钱仲樵挖出那块巨砖后，发现了这段先祖留下的文字，这才得知家族这段经历，看看祖上建的小船坞早已经不存在了，为了完成先祖的遗愿，也为了自己家停船方便，他就在新建宅院边上建造了一个全新的大船坞，一直保留到了现在。船坞占地108平方米，坐东朝西，共4间，通面宽7米，进深13米，共用柱11根，为方形石柱，无鼓墩，南侧石柱立在水中，石柱间条石用榫卯固定，下面用5根短柱支撑，上面用干窑砖窑烧制的青砖错缝砌筑；西面一间用砖砌成镂空窗；北面驳岸用花岗石砌筑，石柱立在驳岸边上。船坞东首第一间，可供船工居住，西面三间供船只停泊，有屋内坞埠。20世纪90年代，船坞西侧一间坍塌，2010年，干窑镇人民政府对钱氏船坞进行了维修，这个保留至今的钱氏船坞被列为省级文物保护单位。

窑工八大碗

丰国需[1]

在嘉善干窑的宴席中，有一种叫"窑工八大碗"的，十分奇特，这道宴一共有八碗菜，分别是油面筋嵌肉、炒蛋、砂锅馄饨鸭、笋干红烧肉、雪菜炒鸡、全鱼、河虾和粉丝汤。这八道菜据说是当时窑工的最高档宴席，由于这八道菜全用蓝花边大碗盛装，故被称作"窑工八大碗"。在老日子，干窑的窑工每逢喜事或佳节，都必备这"窑工八大碗"以示庆贺，别具地方特色。

那么，你知道这别具地方风情的"窑工八大碗"是怎么来的吗？相传，还有一个故事呢。

听老辈说，干窑一带一直以来就是著名的窑乡，到了清朝，这一带砖窑林立，有着上百家砖窑。什么沈家窑、张家窑、刘家窑，反正你只要在干窑的地面上立定了，只要一眼望去，起码能让你看到十几座砖窑。干窑的砖窑烧出的砖和瓦质量都特别好，名声在外。就连皇宫里铺的地砖，都要不远千里地来此定制呢。由于这些定制的地砖是运到京城去的，这些地砖也被称作"京砖"。在清代康熙三十四年（1695）的辰光，故宫的太和殿需要重建，负责重建太和殿的官员将铺地所需的京砖一事就落实给了嘉善县，即由嘉善县的县官

---

1 中国民间文艺家协会会员，浙江省民间文艺家协会故事委员会副主任，临平区民间文艺家协会名誉主席。

去亲自督制。接到任务后，嘉善县的县官顿觉责任重大，给皇宫制砖，一方面可以大大提高干窑制砖的知名度，但另一方面也容不得半点疏忽。于是，县官亲自来到干窑，经过一番察访后，选定了当时干窑镇上规模最大的沈家窑。

沈家窑的窑主名叫沈阿四，40多岁，他有三座窑和几十个工人，对烧制京砖并不陌生，有一定的经验。他一听县官的来意，当即便拱手说道："大人放心。让小的去干别的不行，可这烧砖头却是祖传行当，熟门熟路，保证按时完成。"

县官老爷摸摸胡须说道："阿四呀，这批砖可不是一般的砖，这是要运到皇宫里去的，马虎不得啊。"

沈阿四一听，连连点头，回答道："大人放心，小的并不是第一次烧京砖了，明白此中道理。您放心，从明日起，制砖的每个环节小人都亲自打理，一定烧出让大人满意的砖来。"

县官老爷对沈阿四的回答很满意，寒暄了一阵，告知了取砖日期，付了些定金，便离开了沈家窑。

沈阿四接了这定制京砖的业务后，很兴奋。他觉得这是官府对自己的认可，准备好好表现一番。可哪里晓得，天公不作美，接下来的一个月，干窑的天好像被谁捅漏了，雨下个不停。这天下雨，窑工们无法取泥，怎么做砖？沈阿四眼看日子一天天地过去，急得不得了。急无法，求菩萨。他把周边的庙宇一个个都跑遍了，到处烧香拜佛，求老天爷不要下雨了，早点放晴，好让他动工制砖。可是，这个天，还是下个不停，丝毫没有放晴的迹象。

眼看日子一天天过去，离官府的限期已越来越近，沈阿四愁死了。给官府干活，虽说能大大提高知名度，但是这限期也是死死地，一旦到了时间交不出货，那就有苦头吃了。眼看交货的日期越来越近了，天马上晴起来都快来不及了，怎么办？

这天，听说大云寺的菩萨很灵，沈阿四又去大云寺烧香，要去碰碰运气。在大云寺，他碰到了张家窑的窑主张阿六也在烧香。一问，也是因为下雨天不能干活来求菩萨开开眼，早点晴天。沈阿四一听，不由苦笑了起来，大家都是一样啊。哎，笑着笑着，他突然有了个想法，对张阿六说："阿六啊，哥哥我接了批京砖的活，交货日期短，被这雨一下，时间上耽搁了，眼看天放晴也来不及了。这样，你能不能帮我个忙，等天放晴你们张家窑先帮哥哥我制京砖？"张阿六一听，满脸难色，对沈阿四说："阿四哥哥，我这批砖交货时间虽然比你要迟一点，但是我人手比你少啊，做起来慢。如果我帮你做京砖，我自己这批货到时候交不出了啊。"说着，他摇摇头，又说，"阿四哥哥，不是我不肯帮，实在是帮不了啊！"

沈阿四眼睛一转，有办法了，说道："阿六，你放心，你的砖也一定能按时完成的。""什么？"张阿六不解地望着沈阿四问道。沈阿四笑眯眯地说："阿六，你帮我做好了京砖，我沈家窑再帮你做砖，人多力量大，你这批货一定能按时交出去的。"那个张阿六一听，好像这倒也是个办法，只要不耽搁自己的交货日期，帮沈家窑做做京砖还能提高自家张家窑的知名度呢，况且还帮了沈阿四一个忙，一举两得，何乐而不为呀。想到这里，他当即笑嘻嘻地说道："好，我听哥哥的，我先给你做，做好你再帮我做。"

说到这里，两人开开心心地回到干窑。一到干窑，为了保险起见，沈阿四又去了刘家窑、王家窑，把干窑一带的几个大窑全都联合了起来，集体制作京砖，以应对下雨天带来的影响。至于他们那些窑的业务，等做好了京砖，沈家窑也会帮忙做。天终于放晴了，县官老爷对这天气也十分担心，心想下了这么多天雨，沈家窑的京砖还能不能按时交货啊。等天一晴，他当即坐着轿子来到了沈家窑。一到沈家窑，只见沈阿四正和窑工们一起忙着做砖坯。沈阿四见县官老爷来了，连忙洗洗手过去接待。县官一见面就问："阿四呀，下了这么多天雨，这制作京砖的业务时间上还来得及吗？"沈阿四冲着县官拱拱手，回答道："大人你放心，交货时间我一定保证！"县官还是不放心，他用手指指工地上劳作的窑工，

图 22 "窑工八大碗"之一笋干红烧肉（金身强摄）。

说："就你们这几十个人，一天能制多少砖坯呀？"沈阿四一听笑了说："大人，我们何止几十个人，我们有上百人在做啊！""上百人？在哪里？"县官被搞糊涂了。沈阿四告诉他自己联络了张家窑、刘家窑、王家窑等当地大窑，集中力量制作京砖。县官一听，当即伸出大拇指说："好，可这大家都来做京砖，质量如何保证？"沈阿四笑了，说："大人你放心，每个窑我都派出了我这里的把关师傅，保证烧出来的砖和我们沈家窑是一个样！"

县官放心了，连说了几声"好"就坐着轿子离去了。

没过多久，交货的日子到了，皇宫里来了个验货大员，由嘉善县的县官陪着对这些京砖亲自一一验货。那验货的大员非常仔细，足足验了将近一天才完成。验完货后，那皇宫里来的验货官员眉开眼笑地对县官说："你们干窑烧的京砖当真是好，这批货我很满意，我回去禀报皇上，这太和殿重建会有你的一功啊！"县官开心极了，觉得沈阿四给他长脸了，还觉得沈阿四这个联络众家砖窑突击生产京砖的办法非常好，这样今后接到时间紧的业务也不怕了，可由沈阿四派人把关，众家砖窑一起开工。想到这里，他不由开心地笑了起来。看着忙前忙后发货的沈阿四和那些窑工，他突然觉得，自己是不是应该好好地慰劳一下这些辛勤的窑工……可怎么慰劳呢？县官想到，在当地要感谢一个人，最实在的办法就是请他吃饭。对，我就办场酒席，请这些窑工们吃顿饭！想到这里，县官便派人去县城买菜，把县城最好的厨师全都请到了干窑，在干窑搭棚设锅烧酒。那顿酒宴啊，整整摆了几十桌，县官亲自敬酒，宴请干窑这批为京砖劳作的窑工们。

喔喔，县官请窑工吃酒，这事谁碰到过啊？出席宴席的窑工们一个个受宠若惊，将桌子上端上的一道道菜都记得清清楚楚、明明白白，这桌酒席共八大碗菜，分别是油面筋嵌肉、炒蛋、砂锅馄饨鸭、笋干红烧肉、雪菜炒鸡、全鱼、河虾和粉丝汤……

由于这道宴席是县官专门宴请窑工的，于是，就被人们称作"窑工八大碗"。凡是吃过这"窑工八大碗"的窑工，一个个都把这八碗菜记得牢牢的，日后自家有喜事、有贵宾，需要宴请时，端上桌的菜肴都是按照这县官请他们的八大碗来做的。时间一长，这"窑工八大碗"就在干窑一带的窑工中传开了，并一直流传到现在。

窑神传说

叶林生 [1]

　　明嘉靖年间（1522~1566），九龙山里有个名叫龙庄的汉子，他呕心沥血，不惜倾家荡产，只为了建造一座寺庙。龙庄早年丧父，自幼和母亲相依为命，学得了一手泥瓦匠的手艺。龙庄的妻子宛秋温柔贤惠，也与他心心相印。这勤劳善良的一家人，过着安居乐业的生活。可是天有不测风云，母亲突然生了重病，卧床数月不起。龙庄和宛秋四处求医，尝试了无数的药方，但仍不见起色。母亲笃信佛事，家中供有佛像，龙庄自小便耳濡目染。情急之际，一天龙庄在佛像前焚香叩头，喃喃祈祷说："佛啊，阿弥陀佛！如能祛除我母亲的病灾，我定倾其所有，建造寺庙一座，以荐福报恩！"

　　说来真灵，龙庄发愿半晌之后，母亲顿觉病痛有所缓解，第二天已能自行下床。三天后，母亲的病体已经痊愈如常了。

　　龙庄感激涕零，更加笃信于佛。为了还愿报恩，他和宛秋卖掉家中所有值钱的东西，又四处借贷，筹足了银两，买下山野间的一块山清水秀的向阳坡地，而后又买来砖瓦木材，日夜夯基铺石，亲手动工建造一座寺庙。

　　谁知，当那寺庙的砖墙砌高到三尺之时，突然天降暴雨，

1　中国民间文艺家协会会员，江苏省民间文艺家协会故事专委会顾问，创作发表各类中、短篇故事作品 200 多万字，出版发行故事作品专集和各类民间文化读本 12 本。中国民间文艺"山花奖"获得者。

图 23　窑神像
（董纪法旧藏、
江春辉摄）。

滚滚山洪袭来，砖墙顷刻就被冲垮。龙庄只得重新备料，再次动工。可是当砖墙再次砌高到三尺时，又是天降暴雨，山洪滚滚袭来，转眼冲垮了砖墙。龙庄屡屡返工，情形展墨如此。春秋更替，年复一年，寺庙总是未能建成。

后来有一天，龙庄从再次袭来的暴雨和洪水声中，隐隐听到有人在对他说话："你建寺庙，宜在平川，当选址嘉善……"龙庄为之一怔，知道这是佛神在指点自己。

于是，龙庄带着妻子和母亲举家西行，迁徙嘉善。果然，这里一马平川，河网交织，人稀地广，是建造寺庙的好地方。然而，当移址的寺庙砌好砖墙，正要开始上梁盖瓦时，一场莫名的狂风平地而起，砖头瓦片被哗哗吹飞。龙庄仍不气馁，备料重新动工。可是当再次砌好砖墙，刚准备上梁盖瓦时，

窑火凝珍

时光碎语：流淌于干窑之间的传说与故事

图 24　龙庄禅寺
（金身强摄）。

又是平地一阵狂风，哗哗地吹飞了砖头瓦片。此后，龙庄返工无数，结果依然如此。

星移斗转，时光过去了一年又一年，寺庙还是未能建成。龙庄百思不得其解。心中迷茫却难以释怀，为之茶饭不思、寝食难安。

这时，饱经风霜的母亲终因年老体虚，无疾而恙，奄奄一息。她对龙庄说："儿啊，你已历经周折，虽未如愿，也算是殚精竭虑、尽心尽力了，不如就此罢了，以后好好过生活吧。"

龙庄依偎着母亲说："自幼，母亲便教儿以诚信为本，儿既已拜佛许愿，就当信守诺言啊。"

母亲微弱地叹了一口气说："可是照此下去，必定还有千辛万苦，你还能受得了吗？"

龙庄义无反顾地说："母亲宽心，愚公凭借双手，能移走太行、王屋两座大山。相比起来，如今我为还愿建造一座寺庙，些许磨难和周折，又能算得了什么呢？"母亲听了，少顷便闭目西去，神态安详，犹如睡熟了一般。

母亲离世后，龙庄初心不改，依旧为建造寺庙劳碌不止。

这天夜里，龙庄正呆立在倒塌的寺庙墙前，神思恍惚中，远处出现一团雾，仿佛有一个模模糊糊的身影走了过来。那人影到了跟前对他说："建造寺庙所用之砖瓦，须由你亲手烧制……"龙庄听着猛然回过神来，刚想问个究竟，那模糊人影却已经不见了。

龙庄恍然大悟，知道这是佛神在冥冥之中点化自己。于是他决定，先垒砌一个烧制砖瓦的土窑，再用自己亲手烧制的砖瓦建造寺庙，好在龙庄有泥瓦匠手艺在身，也懂得一些垒造土窑的技巧。他选好一块适宜建造土窑的地方，又备好材料，就开始打坑筑壁、垒砌窑墩。

嘉善真是地嘉人善，人们见到来自异乡的龙庄披星戴月，寒来暑往从不懈怠，无不心生敬佩，又得知他垒窑烧砖是为建造寺庙，更加虔诚备至，都纷纷倾囊相助。前来帮助的能工巧匠们，也个个不遗余力。

三年之后，龙庄的一座土窑终于垒筑成形了。土窑为馒头形状，窑顶高约五丈，窑体用老砖砌造，内膛和窑门呈拱形，窑顶设烟囱及六孔囟眼，供泄气与排湿之用。窑下还有一条陡斜的路阶通达窑顶，以供挑水窨窑、冷却砖瓦。

有了土窑，便可亲手烧制建造寺庙的砖头和瓦片了，龙庄自是满心欢喜。接下来，他开始挖塘选土，采泥练泥，制作砖坯瓦胎。好在这里的泥质细腻，制出的砖坯和瓦胎光滑平整，没有气孔，不易变形。砖坯和瓦胎风干后，就开始装窑备柴，封窑点火烧制。龙庄日夜添柴，静心守候，直烧了七七四十九天后，才停火焖窑。接着，龙庄又一担一担挑水至窑顶，再从窑顶均匀浇入窑中。窨水冷却四至五天后，就到了出窑的时候了。

这天，满怀希望的龙庄打开紧封的窑门，探身定睛查看，却犹如晴天霹雳，只见窑内的烧制之物依然是砖坯瓦胎，泥土一堆……

眼看烧窑建造寺庙的事情久久不能如愿，龙庄百思不得其解，却依旧不愿放弃。大病一场后，他强打精神，打算再次点火烧窑。然而时至今日，不仅家中早已耗尽财物，还四处债台高筑，怎么办呢？

此时此刻，龙庄望着身边的结发妻子宛秋，不觉心如刀绞。宛秋跟随自己颠沛流离，自己非但没能让她过上好日子，反倒落得如此潦倒困境。罢了罢了，与其让爱妻跟着自己受尽磨难，不如让她另择生路。考虑再三，他只好对宛秋说："我已经尽了最大的努力，可是造庙这件事却没能实现。事到如今，我也实在没有办法了，现在连你的生活也过不下去了，我实在于心不忍。眼下，我想让你离开我，另择一个合适的人家去过日子。你有一个好的归宿，也就遂了我的最大心愿……"话没说完，龙庄已是泣不成声。

宛秋端庄美貌，一向温柔贤惠。此刻听龙庄说出这样的话，虽然知道丈夫实属无奈，却悲伤至极，柔弱的身体瑟瑟发抖，默默倚立墙壁一言不发，只是泪流满面。

见此情景，龙庄更如万箭穿心。为了能让妻子与自己绝情绝爱，龙庄横心咬牙，狠狠地打了妻子一巴掌。随后，他疯一般冲出屋外，扑向茫茫荒野。时值寒冬，北风呼号，大雪纷飞。龙庄在风雪中号啕恸哭，心力交瘁，不久竟倒地昏迷过去。

过了一会儿，风雪路上过来了一个僧人。僧人破衣烂袄，形如枯槁，蓬头垢面，见龙庄跌卧雪中，就上前将他扶到近旁的一座孤庵中。过了一会儿，龙庄慢慢苏醒了过来。僧人问他，何故落得如此这般？

　　龙庄见眼前的僧人行好面善，语气诚恳，就把自己的境遇如实叙说了一遍。那僧人听了，说："我当是什么事呢，却把你难成这样！"说罢，仰头拊掌，大笑不停。

　　龙庄问："我已走投无路，你却大笑不止，是何道理？"僧人笑罢，这才说："这事好办，今天就能成全你。"

　　龙庄心生希望，忙问："此话怎讲？"

　　僧人说："贫僧有一师弟，姓赵名堂，为人真挚，心地最好。虽入僧门之中，却是尘根难断，欲聘一良人为妇，以便好好过活。只因他暂为琐事所牵，无暇分神，就给了些银两托我代为打听。我本不想多事，但念及同门之情难以推却。可这事毕竟不同摘瓜择菜，难觅相巧啊，倒弄得我成了一桩心事，每日都念念不安。"说着，僧人又是哈哈一笑说："话说也巧，今日在这里偶遇你，而你的妻子我之前已经见过，真正是端庄美貌，有些姿色。今日也算是天赐机缘，看你这般急切，我代为给出典金三十两白银，及时送到你的居处，明日一早，你便把妻子带来这里交接，不知可否？"

　　龙庄本已穷途末路，焦虑万分，听僧人一说，觉得妻子此生有望脱离苦海，当即便点头答应了。

　　孤庵里正好有纸笔，僧人见龙庄没有异议，随即写下契约："龙庄因窑作建造寺庙，囊中空乏，难以为继。出其无奈，实是无法，情愿将结发之妻宛秋送于赵堂为妻度日。赵堂给出白银二十两，大银当面交接，以后若是反悔，定期八年为限，可将妻子领回。倘若八年里，有天灾病孽，各凭天命。口说无凭，立字为据。"

那僧人让龙庄看过纸上契约，在其上按下手印，然后收至囊中，又看了他一眼，便转身匆匆离去，很快消失在风雪黄昏之中。

龙庄放心不下宛秋，回到居所推开屋门，竟见里面闪闪发光，床头上堆满了金银。他忙问宛秋，家中刚才可曾有人来过，妻子见状也惊奇万分，摇头说没有。

龙庄犹豫着，把刚才僧人相救和契约的事情告诉了妻子。妻子泪流满面，哭泣不舍。龙庄虽心乱如麻，却只好对她说："你我都是善心守信之人，既有契约，怎可反悔呢？"

第二天一早，龙庄便带着妻子宛秋来到荒野之处，寻往昨日的那座孤庵。可是到那里一看，眼前既无昨日所见的孤庵，也没有那僧人的影子。定睛四下打量，却只见雪后初晴的满地阳光，还有几枝雪中绽放的梅花。龙庄不知其故，很是诧异。

宛秋说："或许是你遇上善人了，故意相助于你。"

龙庄思量片刻，忽然像想起了什么，奔到土窑进入窑门一看，顿时惊呆了，只见满窑的情景变了模样，里面的砖瓦正在散发着热气。他拿起砖头、瓦片一看，块块犹如乌金，用手指敲弹，铮铮作响。人们闻讯后争相观看，个个啧啧称奇，当地所有的窑烧之作，竟从未制出过如此神奇的砖头和瓦片。

龙庄望着眼前景象，心里终于明白了一切。从此，他和宛秋用这些金银作本，接着烧制砖瓦，再次开工建寺。周围的工匠们更是纷纷相助，不遗余力。果不其然，此后的寺庙建造，诸事顺利。人们都说，这是龙庄敬佛还愿，心诚所至。

历时十年，一座规模宏大的寺庙如愿建成，配有山门、廊桥和天王、大雄诸殿，人们用龙庄的名字把这里取名为龙庄禅寺，寺庙建成后，香火旺盛，僧人众多，众僧合心尊龙庄为住持。但龙庄却说："是窑作成就了我建造寺庙的心愿，我当然以窑作为生，才是真正对佛祖的感恩，并不想在寺庙受人所尊。"他执意推辞，离开了禅寺。在嘉善当地，他与宛秋继续从事窑业，感恩佛报，却终生未育。后来，龙庄把这座土窑及其烧制技艺传给了几个徒弟。

又过了多年，龙庄终因积劳成疾离世。

弥留之际，龙庄将徒弟们叫到跟前，嘱托说："我死后，你们用绳索将我身体捆住，倒悬于窑门，直到绳索悬断，方再入殓。"众人不知何意，欲问其详，但龙庄嘱托完后，已然闭目无声。师父离去后，徒弟们拿不定主意，只好问师母宛秋如何定夺。宛秋说："师父既有遗嘱，你们就照办吧。"

于是，龙庄的遗体被倒悬于窑门，前后旋摆。宛秋守在旁边，默默流泪，长跪不起。毕竟是于心不忍，眼看着师父的遗体旋摆不止，有个徒弟便偷偷捡起一块碎瓦片，悄悄将绳索锯断了几股。龙庄在旋晃了整整一千个来回之际，终于绳断落地。

奇的是龙庄离世后不久，当地土窑遍起，从今楠木桥东堍起向南、向东，至积德桥、龙庄浜止；楠木桥西堍起向南、向西，至乌桥江南北。窑墩鳞次栉比、烟囱耸立如林。以至鼎盛时，大大小小的各种土窑合计起来，不多不少正好一千座，时称"千窑之乡"。而更为称奇的是，这里家家窑内烧出的砖瓦，与龙庄窑作的砖瓦一样，块块乌黑发亮，成色均匀，敲之有声、断之无孔。

明万历年间的《嘉善县志》记载："砖瓦，出张泾汇者曰东窑，出干家窑者曰北窑。"康熙年间的《嘉善县志》记载："千家窑'民多业窑'……以干窑为中心，发展到范泾、地甸、界泾、上（甸庙）、下甸庙等地。"

千窑的人们感其窑作生财致富，尊敬龙庄为"窑神"，窑业祭祀仪式历代相传。后来，千窑辖内各家土窑，凡开火前都要在窑门前点香焚烛，并悬挂一幅神像图案以敬窑神。那图案民间有的说是女娲娘娘，有的说是鲁班，其实在千窑，那窑神图像就是先祖龙庄。

后来千窑的金砖金瓦源源不断地销往苏沪杭各地、进贡京城建造皇宫圣殿，至于后来的"千窑"又如何变成"干窑"，那是题外话了。

图书在版编目 (CIP) 数据

时光碎语：流淌于干窑之间的传说与故事 / 刘博见
编著. -- 北京：社会科学文献出版社, 2023.3
（窑火凝珍 / 刘耿, 董晓晔主编；6）
ISBN 978-7-5228-1481-0

Ⅰ. ①时… Ⅱ. ①刘… Ⅲ. ①民间故事-作品集-中
国 Ⅳ. ①I277.3

中国国家版本馆CIP数据核字（2023）第033016号

窑火凝珍

时光碎语：流淌于干窑之间的传说与故事

主　　编 /	刘　耿　董晓晔
编　　著 /	刘博见
出 版 人 /	王利民
组稿编辑 /	邓泳红
责任编辑 /	王京美　吴　敏
出　　版 /	社会科学文献出版社
	地址：北京市北三环中路甲29号院华龙大厦　邮编：100029
	网址：www.ssap.com.cn
发　　行 /	社会科学文献出版社（010）59367028
印　　装 /	三河市东方印刷有限公司
规　　格 /	开　本：787mm×1092mm　1/16
	印　张：8.25　字　数：84千字
版　　次 /	2023年3月第1版　2023年3月第1次印刷
书　　号 /	ISBN 978-7-5228-1481-0
定　　价 /	268.00元（全七册）

读者服务电话：4008918866